# 蛋鸡主要疾病简明临床诊断手册

组织编写　南京市动物疫病预防控制中心

主编　李凤玲

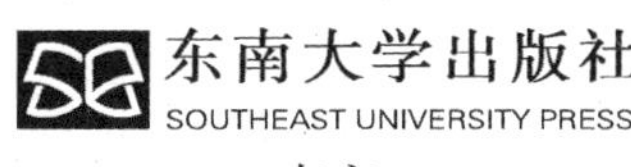

东南大学出版社
SOUTHEAST UNIVERSITY PRESS
·南京·

**图书在版编目(CIP)数据**

蛋鸡主要疾病简明临床诊断手册 /李凤玲主编. —南京 ：东南大学出版社，2020.3

ISBN 978-7-5641-8855-9

Ⅰ.①蛋… Ⅱ.①李… Ⅲ.①卵用鸡-鸡病-诊疗-手册 Ⅳ.①S858.31-62

中国版本图书馆 CIP 数据核字(2020)第 034591 号

**蛋鸡主要疾病简明临床诊断手册**

Danji Zhuyao Jibing Jianming Linchuang Zhenduan Shouce

**主　　编** 李凤玲　　**责任编辑** 周　菊
**出版发行** 东南大学出版社　　**出 版 人** 江建中
**地　　址** 南京市四牌楼 2 号　　**邮　　编** 210096
**销售电话** (025)83794561/83794174/83794121/83795801/83792174
83795802/57711295(传真)
**网　　址** http://www.seupress.com

**经　　销** 全国各地新华书店　　**印　　刷** 南京玉河印刷厂
**开　　本** 880mm×1230mm 1/32　　**印　　张** 3.5
**字　　数** 78.4 千字
**版　　次** 2020 年 3 月第 1 版
**印　　次** 2020 年 3 月第 1 次印刷
**印　　数** 1～3500
**书　　号** ISBN 978-7-5641-8855-9
**定　　价** 15.80 元

主　　编：李凤玲

副主编：顾舒舒　陈　婷　刘婷婷　卞红春

吕宗德

编写人员：李凤玲　顾舒舒　陈　婷　刘婷婷

卞红春　吕宗德　臧鹏伟　李双福

金　程　黄　鑫　吴　浩　杨　虹

陈丽珠　董柏华　单卫兵　王效田

姚开保　邢益斌　韩春华　刘　静

蛋鸡疾病的发生直接影响蛋鸡的健康生长和蛋鸡产品的质量安全。为保障现代蛋鸡产业健康发展，提高基层一线防疫人员和蛋鸡养殖场（户）的兽医临床诊断和防治水平，南京市动物疫病预防控制中心组织编写了《蛋鸡主要疾病简明临床诊断手册》一书。本书着重介绍了28种蛋鸡疾病的临床特征、病理变化、鉴别诊断和防治措施等方面内容。其内容简单明了、方便实用，适合基层防疫人员和蛋鸡养殖场（户）开展蛋鸡疾病防治工作。

本书具有以下特点：一是实用性。编者对主要疾病的临床特征、病理变化、鉴别诊断和防治措施进行了归纳总结，满足了蛋鸡养殖场（户）的实际生产需要。二是指导性。疾病的鉴别诊断、防控措施和临床诊断模式为开展蛋鸡疾病防治提供了技术指导。三是有效性。主要疾病临床诊断模式，有利于快速地诊断、控制、治疗疾病，降低经济损失。由于编者水平及掌握的资料有限，书中难免有疏漏和不当之处，敬请专家和读者朋友们批评指正。

编　者

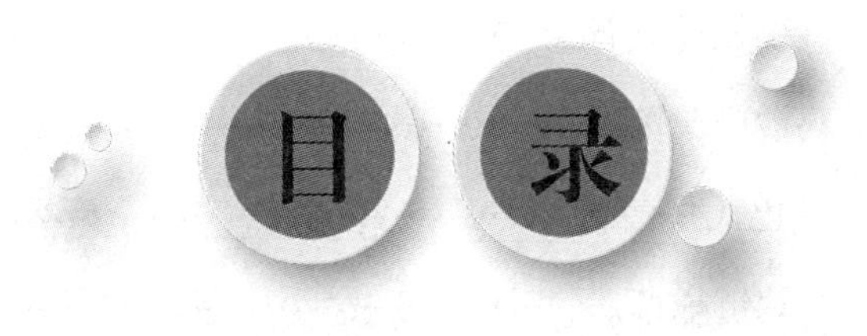

# 目录

# 一 高致病性禽流感

## (一) 临床特征

各日龄鸡均可发病。急性暴发,大批鸡死亡不见明显症状,死亡率可达 80%～100%;非急性暴发,鸡死亡率 10%～50%。潜伏期从几小时到数天,最长可达 21 天。体温升高,精神沉郁,羽毛松乱,采食量下降或停止采食,产蛋量下降 15%～70%不等。病鸡流泪,头和面部水肿;脚鳞出血,胸部皮肤出血;鸡冠出血或发绀;有呼吸道症状,如咳嗽、喷嚏,表现呼吸困难;部分有神经症状,头颈扭转,共济失调。病程稍长的多伴有继发感染。

## (二) 病理变化

消化道、呼吸道黏膜广泛充血、出血;腺胃黏液增多,可见腺胃乳头出血,腺胃和肌胃之间交界处黏膜可见带状出血;心冠及腹部脂肪出血;输卵管的中部可见乳白色分泌物或凝块,卵泡充血、出血、萎缩、破裂,有的可见“卵黄性腹膜炎”。脑部出现坏死灶、血管周围淋巴细胞管套、神经胶质灶、血管增生等病变,胰腺和心肌组织局灶性坏死。

## （三）鉴别诊断

与新城疫的鉴别诊断：

1. 高致病性禽流感的易感动物有鸡、鸭、鹅、鸽子等，哺乳动物和人也有发病报道。新城疫的易感动物以鸡为主。

2. 高致病性禽流感呼吸道症状不明显，黄白色稀粪。新城疫呼吸道症状明显，常见张口伸颈，怪叫，绿色稀粪。

3. 高致病性禽流感外观头肿，冠、肉髯发绀，末端坏死，角鳞出血。新城疫外观冠、肉垂发绀。

4. 高致病性禽流感心脏出血和条纹状坏死；肌胃角质层下出血多见，腺胃与肌胃结合处有出血带；肠道一般十二指肠、直肠出血；胰腺出血坏死。新城疫腺胃大多数乳头出血，食道端为甚；肠道有枣核状溃疡灶（常位于肠道两盲肠间的肠段及卵黄柄附近的肠段）；胰腺病变不明显。

## （四）防治措施

目前尚无好的治疗办法。按照国家规定，凡是确诊为高致病性禽流感后，应该立即对 3 千米以内的全部鸡只扑杀、深埋，其污染物做好无害化处理。

按照免疫程序及时接种疫苗是防控该病的关键措施。推荐参考免疫程序如下：

肉禽：14 日龄首免，40 日龄二免。超过 50 日龄肉禽，可于 80 日龄三免。

蛋禽和种禽：15 日龄首免，40 日龄二免，80 日龄三免，开产前或 120 日龄四免。

紧急免疫：发生疫情时，要根据受威胁区家禽免疫抗体监测情况，对受威胁区域的所有家禽进行一次紧急免疫。

免疫方法:家禽颈部皮下或胸部肌肉注射。2～5周龄鸡,每只0.3 ml;5周龄以上鸡,每只0.5 ml。2～5周龄鸭和鹅,每只0.5 ml;5周龄以上鸭和5～15周龄鹅,每只1.0 ml;15周龄以上鹅,每只1.5 ml。具体免疫接种及剂量按疫苗说明书的规定操作。

日常饲养中,不从疫区或疫病流行情况不明的地区引种或调入鲜活鸡产品;饲养家禽品种单一,不将不同品种的家禽或畜禽混养,推行"全进全出"的饲养制度,养鸡场及其工作人员不养其他畜禽;控制外来人员和车辆进入养鸡场,确需进入则必须消毒,生产中的运饲料和运鸡产品的车辆要分开专用;加强饲养管理,平时每3～5天带鸡消毒一次。尽可能减少家鸡的应激反应。提供适应生产和生长发育所必需的饲料,保持饲料新鲜、全价。改善饲养环境,提供适宜的温度、湿度、密度、光照;加强鸡舍通风换气,保持舍内空气新鲜;勤清粪便和打扫鸡舍,保持生产环境清洁卫生。消毒剂使用两种以上,清除鸡舍病原残留,防止病原感染下一批鸡。

# 二 新城疫

## (一) 临床特征

各日龄鸡均可发病。病鸡精神萎靡，采食减少，呼吸困难，饮水增多，常有“咕噜”声，排黄绿色稀便；部分病鸡出现转脖、望星、站立不稳或卧地不起等神经症状，多见于发病的雏鸡和育成鸡；产蛋鸡产蛋减少或停产，软皮蛋、褪色蛋、沙壳蛋、畸形蛋增多。病死率在80％以上。

## (二) 病理变化

全身性炎性出血、水肿。病后期非化脓性脑炎，出现神经症状；消化道病变以腺胃、小肠和盲肠最具特征。腺胃乳头肿胀、出血或溃疡，尤以在与食管或肌胃交界处最明显。十二指肠黏膜及小肠黏膜出血或溃疡，有时可见到“岛屿状或枣核状溃疡灶”，表面有黄色或灰绿色纤维素膜覆盖。盲肠扁桃体肿大、出血和坏死。呼吸道以卡他性炎症和气管充血、出血为主。鼻道、喉、气管中有浆液性或卡他性渗出物。弱毒株感染、慢性或非典型性病例可见到气囊炎，囊壁增厚，有卡他性或干酪样渗出。产蛋鸡常有卵黄泄漏到腹腔形成卵黄性腹膜炎。卵泡变形，卵泡血管充血、出血。

## （三）鉴别诊断

与禽霍乱、传染性支气管炎和高致病性禽流感的鉴别诊断：

1. 禽霍乱造成鸡的死亡一般发生在产蛋鸡群，16 周龄以下的鸡一般具有一定的抵抗力。传染性支气管炎发病群体主要是刚出生不久的小鸡，对一般成年蛋鸡只会影响其产蛋率。高致病性禽流感侵害全日龄鸡群。

2. 禽霍乱发病时不表现神经症状，肝脏会出现一些浅白色的坏死点。传染性支气管炎不表现消化道和神经系统受损的症状。在孵化时，遇到病毒侵入攻击蛋胚，会发育不良，形成侏儒鸡胚。高致病性禽流感具有高度的致病性，鸡一旦被感染，发病快，迅速死亡，病鸡神经症状不明显，嗉囊内不会大量稽留液体，但皮下水肿明显，有黄色胶样浸润，黏膜、浆膜和脂肪出血。

## （四）防治措施

预防的关键措施是进行定期免疫接种。严格执行防疫规定，防止病毒或传染源与易感鸡群接触。

新城疫的免疫注意事项如下：

1. 及早实施免疫，提前建立局部黏膜抵抗力。

2. 活疫苗与灭活苗联合使用。活疫苗免疫后产生免疫应答早，免疫力完全，缺点是产生的体液抗体低且维持时间短。灭活苗免疫能诱导机体产生坚强而持久的体液抗体，但产生免疫应答晚，且不能产生局部黏膜抗体。两种疫苗联合使用可以做到优势互补，给鸡群提供坚强且持久的保护。

3. 根据抗体水平，及时补免。当前主要以非典型新城疫发生为主，原因是鸡群抗体不均匀有效，因而监测鸡群的抗体水平非常重要，要保证 HI 抗体水平育成期不低于 6，蛋鸡不低于 9。

推荐参考免疫程序如下：

种鸡、商品蛋鸡：1 日龄时，用新城疫弱毒活疫苗初免；7～14 日龄用新城疫弱毒活疫苗和(或)灭活疫苗进行免疫；12 周龄用新城疫弱毒活疫苗和(或)新城疫灭活疫苗强化免疫；17～18 周龄或产蛋前再用新城疫灭活疫苗免疫一次。开产后，根据免疫抗体检测情况进行疫苗免疫。

肉鸡：7～10 日龄时，用新城疫弱毒活疫苗和(或)灭活疫苗初免；2 周后，用新城疫弱毒活疫苗加强免疫一次。

目前对新城疫尚无有效的治疗药物，可给 60 日龄以上的鸡群进行Ⅰ系疫苗加倍剂量的紧急接种；对雏鸡用 L(La Sota)系疫苗 3～4 倍剂量滴鼻，以保护鸡群中部分健康鸡。

# 三 禽白血病

## （一）临床特征

禽白血病分为淋巴细胞性白血病、成红细胞性白血病、成髓细胞性白血病、骨髓细胞瘤病、骨硬化病等5种病型。

淋巴细胞性白血病：最常见的一种病型，在14周龄以下的鸡极为少见，至14周龄以后开始发病，在性成熟期发病率最高。病鸡精神委顿，全身衰弱，进行性消瘦和贫血，鸡冠、肉髯苍白、皱缩，偶见发绀。病鸡食欲减少或废绝，腹泻，产蛋停止。

成红细胞性白血病：此型比较少见，通常发生于6周龄以上的高产鸡。临床上分为两种型：增生型和贫血型。两种病型的早期症状为全身衰弱，嗜睡，鸡冠稍苍白或发绀。病鸡消瘦、下痢。病程从12天到几个月。

成髓细胞性白血病：此型很少自然发生，临床表现为嗜睡，贫血，消瘦，毛囊出血，病程比成红细胞性白血病长。

骨髓细胞瘤病：此型自然病例极少见，其全身症状与成髓细胞性白血病相似。由于骨髓细胞的生长，头部、胸部和跗骨异常突起。

骨硬化病：病鸡发育不良、苍白、行走拘谨或跛行。

## (二)病理变化

淋巴细胞性白血病病变部位主要发生于肝、脾、肾、法氏囊,也可侵害心肌、性腺、骨髓、肠系膜和肺。肿瘤呈结节形或弥漫形,灰白色到淡黄白色,大小不一,切面均匀一致,很少有坏死灶。

成红细胞性白血病两种病型都表现全身性贫血,皮下、肌肉和内脏有点状出血。增生型特征性病变是肝、脾、肾呈弥漫性肿大,呈樱桃红色到暗红色,有的剖面可见灰白色肿瘤结节。贫血型病鸡的内脏常萎缩,尤以脾为甚,骨髓色淡呈胶冻样。

成骨髓细胞瘤病剖检可见骨髓坚实,呈红灰色至灰色。在肝脏偶然也见于其他内脏发生灰色弥散性肿瘤结节。

骨髓细胞瘤病肿瘤突出于骨的表面,多见于肋骨与肋软骨连接处、胸骨后部、下颌骨以及鼻腔的软骨上。骨髓细胞瘤呈淡黄色、柔软脆弱或呈干酪状,呈弥散或结节状,且多两侧对称。

骨硬化病在骨干或骨干长骨端区存在有均一的或不规则的增厚。晚期病鸡的骨呈特征性的“长靴样”外观。

## (三)鉴别诊断

与鸡马立克氏病的鉴别诊断:

通过发病日龄、法氏囊的萎缩情况以及病理组织学观察来区分内脏型马立克氏病与淋巴性白血病。

马立克氏病常侵害外周神经、皮肤和肌肉、虹膜,法氏囊被侵害时常出现萎缩,而淋巴性白血病较少如此。

马立克氏病的肿瘤组织是由小到大的淋巴细胞、成淋巴细胞、浆细胞等混合组成的,而淋巴性白血病的肿瘤细胞常为成淋巴细胞组成。

## (四) 防治措施

以净化种群为主的综合性防治措施。

1. 加强饲养管理，提高环境控制水平。实行全进全出饲养方式，控制人员出入，注意饲料的营养均衡，严格执行清洁和消毒程序。

2. 加强消毒管理，做好基础防疫工作。做好禽流感、新城疫、马立克氏病等的防疫工作，并建立严格的卫生(消毒)管理制度。

3. 加强监测，做好阳性鸡的剔除工作。做好鸡的死亡记录，发现肿瘤性疾病时，及时开展禽白血病监测工作，发现阳性，严格按禽白血病防治规范处理。

4. 加强引种检疫，保障鸡群健康。引入种禽时，应经引入地动物防疫监督机构审核批准，并取得原产地动物防疫监督机构出具的无禽白血病证明和检疫合格证明，方能引种，并要做好隔离，检测合格后方可入群。

# 四 网状内皮组织增生症

## （一）临床特征

发病日龄在80日龄左右，发病率和死亡率低，呈慢性过程，死亡周期约为10周。表现生长停滞、消瘦，精神沉郁，呆立嗜睡，多见瘦小鸡和羽毛稀少鸡，慢性发病20天后可见羽毛中间部出现"一"字形排列的空洞。部分病鸡发生运动失调、肢体麻痹等症状。

## （二）病理变化

特征变化为器官组织中网状细胞弥散性和结节性增生。肝、脾、肾、心、胸腺、卵巢、法氏囊、胰腺和性腺等（肝最早出现病变）有灰白色点状结节和淋巴瘤增生。腺胃肿胀、出血、坏死。法氏囊重量减轻，严重萎缩，滤泡缩小，滤泡中心淋巴细胞减少和坏死。感染毒力较低毒株的鸡，消瘦和外周神经肿大，肝脾肿大和法氏囊萎缩。

## （三）鉴别诊断

与禽白血病和鸡马立克氏病的鉴别诊断：

禽白血病主要表现腹部膨大，手指直肠检查可触知法氏囊肿

大，剖检可见肝、肾、卵巢、法氏囊有肿瘤，脾、肝增大3～4倍，肝灰白、质脆，肿瘤外观平滑、柔软，成红细胞白血病时脾、肝、肾呈鲜红色（贫血型则呈苍白色）。

鸡马立克氏病病原为鸡马立克氏病病毒，在同一个发病鸡群中可同时见有神经型、内脏型、眼型、皮肤型存在，即内脏型也有共济失调、单肢或双肢麻痹。用羽毛作琼脂扩散试验呈阳性反应。

## （四）防治措施

目前没有疫苗可供使用，也没有有效药物控制。可通过加强饲养管理和监测控制该病，一旦发现该病的疑似病例，应立即隔离、消毒，通过检测及时淘汰感染鸡。

**1. 加强监测**

加强种蛋疫病监测，淘汰潜在带毒母鸡，消除垂直传播。

**2. 加强饲养管理**

加强种鸡群监管措施，注意环境卫生，防止水平传播。

**3. 加强有效疫苗的监管**

加强种禽用疫苗（特别是马立克氏病、禽痘和禽白血病）质量监测与管理，严防本病毒污染，以免引起本病的人工传播，造成重大经济损失。

# 五 鸡马立克氏病

## (一) 临床特征

鸡马立克氏病发病日龄为2～5月龄,2～18周龄鸡均可发病,偶见3～4周龄的幼龄鸡和60周龄的老龄鸡发病。母鸡比公鸡易感性高。来航鸡抵抗力较强,肉鸡抵抗力弱。潜伏期为3～4周,一般在50日龄以后出现症状,70日龄后陆续出现死亡,90日龄以后达到高峰,很少晚至30周龄才出现症状。发病率变化很大,一般肉鸡为20%～30%,个别达60%;产蛋鸡为10%～15%,严重达50%,死亡率与之相当。

该病根据临床表现分为神经型、内脏型、眼型和皮肤型等四种类型。

眼型:虹膜褪色,瞳孔变小,边缘成锯齿状,一般为单侧眼的病变。

皮肤型:毛囊肿胀,有时可见多个相邻的毛囊病变聚集一起。

神经型:单侧腿麻痹,呈劈叉姿势,或单侧翅膀下垂,颈部神经麻痹。

内脏型:一个或多个内脏器官中发生肿瘤,其中以卵巢、肝脏、脾脏、心脏、肺脏和肾脏为多见。

## (二) 病理变化

各种脏器内部发生肿瘤，使得病变脏器明显肿大，其中以卵巢、肝脏、脾脏、心脏、肺脏和肾脏为多见，也可呈较大的、散在的、白色、质地较硬的肿瘤结节或肿瘤块。毛囊形成黄豆大的结节，多为弥漫性的小结节。臂神经或腰间坐骨神经丛出现一侧性呈念珠样肿大、发黄、横纹消失等。神经症状和肿瘤一般同时出现。

## (三) 鉴别诊断

与禽白血病的鉴别诊断：

马立克氏病侵害外周神经、皮肤肌肉和虹膜，法氏囊被侵害时常出现萎缩，而淋巴性白血病较少见。

马立克氏病的肿瘤组织是由小到大的淋巴细胞、成淋巴细胞、浆细胞等混合组成的，而淋巴性白血病的肿瘤细胞常为成淋巴细胞组成。

## (四) 防治措施

发病时无法治疗，只能够改善饲养环境，减少发病率。因此本病主要以预防为主。

1. 采用高质量的疫苗预防，冻干苗、进口液氮苗 CVI988 效果较好，但这些疫苗均不能抗感染，只可防止发病。疫苗稀释后要尽可能在 1 小时内用完。1 日龄雏鸡进行免疫，若不放心可以再在第 3 日龄或第 15 日龄时再免疫一次。

2. 加强饲养管理，改善鸡群生活条件，饲喂维生素 C、维生素 E、AD3 粉等增强鸡体的抵抗力，对预防本病有很大的作用。饲养管理不善，环境条件差或携带某些传染病如球虫病等是重要的诱发因素。

3. 加强环境卫生与消毒工作，尤其是孵化卫生与育雏鸡舍的消毒。防止雏鸡早期感染，非常重要，否则即使出壳后即刻免疫有效疫苗，也难防止发病。

4. 坚持自繁自养，防止购入鸡苗的同时将病毒带入鸡舍。采用全进全出的饲养制度，防止不同日龄的鸡混养于同一鸡舍。

5. 防止应激因素和预防能引起免疫抑制的疾病，如鸡传染性法氏囊病、鸡传染性贫血病毒病、网状内皮组织增生症等的感染。

6. 一旦发生本病，在感染场地清除所有的鸡，将鸡舍清洁消毒后，空置数周再引进新雏鸡。一旦开始育雏，中途不得补充新鸡。

# 六 传染性支气管炎

## (一) 临床特征

本病只发生于鸡，在自然条件下各种日龄、各种品种的鸡均可感染发病，一般雏鸡发病最为严重，死亡率和发病率都很高，一般产蛋鸡感染生殖型和呼吸型传染性支气管炎的概率比较大，而肾型和腺胃型传染性支气管炎的感染概率非常小。产蛋鸡感染该病后，一般产蛋率很难恢复。一年四季均可发病，但主要发生在冬春季节，肾型传染性支气管炎主要在寒冷及某些其他强烈应激后最易发病，尤其在青年鸡群中。同时饲养密度过大、通风不良等饲养管理不良及饲料营养缺乏都易引发该病。

本病潜伏期1～7天，平均3天。不同的血清型感染后出现不同的症状。主要有两种病型，分别是呼吸型和肾型。

呼吸型：4周龄以下的幼鸡主要表现为伸颈、咳嗽、打喷嚏、呼吸啰音、呈张口喘气姿势等症状。2周龄以内的鸡，还常见鼻窦肿胀、流鼻液、流泪、频频甩头等。5～6周龄以上的鸡发病症状与幼鸡相似，通常无鼻涕，因气管内滞留大量分泌物而造成“咕噜”异常呼吸音更明显，尤以夜间最清晰。呼吸道症状可持续7～14天，同时有黄白色或绿色下痢，但死亡率比幼雏低。病情严重时，病鸡精神沉郁、食欲废绝、羽毛松乱、体温升高、怕冷扎堆，甚至引起死亡。

肾型主要发生于2～4周龄的鸡。最初表现短期(约1～4天)的轻微呼吸道症状，病鸡咳嗽、甩头、打喷嚏、叫声嘶哑、喘息、流鼻液等，但只有在夜间才较明显。有时呈一过性，如无混合感染导致的明显症状，常常容易被忽视。呼吸道症状消失后不久，鸡群会突然大量发病，出现厌食、口渴、怕冷、精神不振、羽毛松乱、爪干枯、翅下垂、鸡体消瘦、嗜睡、拱背扎堆等症状，同时排出水样白色稀粪，内含大量尿酸盐，肛门周围羽毛污浊。病鸡因脱水而体重减轻、胸肌发绀，重者鸡冠、面部及全身皮肤颜色发暗，直至脱水而亡。发病10～12天达到死亡高峰，21天后死亡停止，死亡率约30%。发病鸡死后呈两脚弯曲、紧靠腹部的特殊姿势。

## (二) 病理变化

呼吸型病死鸡气管、支气管充血、出血，内有浆液性和卡他性炎症，后期有黄白色、干酪样渗出物。

肾型病死鸡肾肿大、变淡，表面可见白色石灰样物，切面见尿酸盐沉积呈花斑状(“花斑肾”)，后期肾脏常发生萎缩。尿管内充满尿酸盐，直肠膨大部充满石灰样稀粪。重症病例可见心、肝、腹、气囊有尿酸盐附着，鸡胆囊肿大、内有沙泥样物。

产蛋鸡多表现为卵泡充血、出血、变形、破裂，输卵管水肿，甚至发生卵黄性腹膜炎。若在雏鸡阶段感染，则成年后鸡的输卵管发育不全，长度不及正常的一半，管腔狭小、闭塞。产蛋恢复后，个别鸡输卵管充血、水肿，卵巢萎缩。

## (三) 鉴别诊断

与新城疫、鸡传染性喉气管炎、鸡传染性鼻炎、鸡产蛋下降综合征、传染性法氏囊病的鉴别诊断：

1. 新城疫与鸡传染性支气管炎的鉴别。新城疫一般要比鸡传染性支气管炎感染严重，强毒株感染可见典型病变如腺胃乳头出血及肠道枣核形的出血或坏死区，直肠黏膜条索状出血，嗉囊充满酸臭味的稀薄液体和气体，而且引起的产蛋率下降比鸡传染性支气管炎所致的产蛋率下降幅度大。

2. 呼吸型鸡传染性支气管炎与鸡传染性喉气管炎鉴别。鸡传染性喉气管炎主要侵害成年鸡，比鸡传染性支气管炎传播慢，且呼吸道症状和病变与鸡传染性支气管炎比较更为严重，喉头气管可见带血的黏性分泌物或条状血凝块。鸡传染性支气管炎病变是由支气管向喉头方向发展，而鸡传染性喉气管炎则是喉头病变比较严重，气管出血也比较严重。

3. 呼吸型鸡传染性支气管炎与鸡传染性鼻炎鉴别。鸡传染性鼻炎的特征是脸部肿胀，流鼻涕，多发于 2～3 月龄青年鸡，产蛋鸡也常发生。

4. 呼吸型鸡传染性支气管炎与鸡产蛋下降综合征鉴别。鸡产蛋下降综合征所致的产蛋率下降和蛋壳质量问题与鸡传染性支气管炎相似，但其不影响蛋的内部质量，且无明显呼吸道症状。

5. 肾型鸡传染性支气管炎与传染性法氏囊病的鉴别。传染性法氏囊病无呼吸道症状，剖检可见法氏囊出血明显，肌肉有条状或点状出血，腺胃和肌胃交界处常有横向出血斑点或出血带。而肾型鸡传染性支气管炎病鸡法氏囊、肌肉、腺胃均无以上明显病变。

## (四) 防治措施

本病重在预防，预防的关键是对健康鸡进行免疫接种。

**1. 科学选用疫苗**

目前常用的疫苗有活苗和灭活苗两种，我国广泛应用的活苗是 H52 和 H120 株疫苗。H120 株疫苗用于初生雏鸡的首免，不同品种的鸡均可使用。H52 株疫苗专供 1 月龄以上的鸡使用,不可用于初生雏鸡。H120 株疫苗免疫期为 2 个月,H52 株疫苗免疫期为 6 个月。灭活油乳剂苗主要在种鸡或产蛋鸡开产前应用。

在雏鸡阶段也可使用进口鸡新城疫、传染性支气管炎(含肾型)二联苗滴鼻预防。同时还可对 3 日龄以上不同日龄的鸡采用鸡传染性支气管炎(含肾型)油乳剂灭活苗皮下和肌肉注射。

除上述疫苗外,对种鸡和蛋鸡,可在产蛋前 2～4 周皮下或肌肉注射鸡新城疫、传染性支气管炎、减蛋综合征三联苗,每羽 0.5 ml,也可选用新支感(H9)三联油乳剂苗等。

**2. 免疫程序**

参考免疫程序:

3～5 日龄时,用 H120 株疫苗滴鼻或加倍剂量饮水免疫,1～2 月龄时,用 H52 株疫苗加强免疫一次,种用鸡在 2～4 月龄加强免疫一次,种鸡和蛋鸡在开产前用油乳剂灭活苗再接种一次。活苗免疫可用滴鼻、气雾和饮水方法,灭活苗采用肌肉注射。

为使种鸡的母源抗体传递给雏鸡,需要对种鸡重复免疫,在产蛋期每 10～12 周一次,每羽 0.5 ml,免疫效果较佳,可使后代雏鸡获得一致的母源抗体。

本病无特效药物治疗,通常采取加强饲养管理,注意鸡舍环境卫生,保持通风良好,有利于本病的防制。

本病由热毒内蕴,引起痰涎阻塞气管,导致咳嗽气喘,故宜清肺化痰,止咳平喘。

治疗方案 1:金钱草 20 g、大青叶 90 g、枇杷 100 g、苏叶 60 g、车前草 75 g、甘草 80 g、麻黄 75 g,粉碎混合。每包用冷水煮沸煎汁半小时后,加入冷水 20～30 kg 给鸡饮用,连用 5～7 天。

治疗方案 2:麻黄 300 g,大青叶 300 g,石膏 250 g,制半夏 200 g,连翘 200 g,黄连 200 g,金银花 200 g,蒲公英 150 g,黄芩

150 g，杏仁 150 g，麦冬 150 g，桑白皮 150 g，菊花 100 g，桔梗 100 g，甘草 50 g。水煎，取煎液，为 5 000 羽雏鸡 1 天拌料用量，用药 3～5 天。

治疗方案 3：每 100 只病雏用 150 g 的伸筋草（鲜品）嫩枝叶冷水洗净切细，拌料喂鸡，余下的茎条水煎取汁，饮用。个别不采食的病鸡，将嫩枝叶揉成米粒大塞入口中，每次 2 粒，每天 2～3 次，用药 3 天。

治疗方案 4：板蓝根 50 g，连翘 50 g（300 只鸡用量），水煎两次，混合，每日喷雾 2 次，连用 3 天。

治疗方案 5：石膏粉 5 份，麻黄、杏仁、甘草、葶苈子各 1 份，鱼腥草 4 份。为末混饲，预防量 2～3 g/kg 体重，治疗量 3～4 g/kg 体重。

治疗方案 6：双峰呼喘平＋双峰疫康灵，每包各 100 g 加水 200 kg 饮用，连用 5～7 天。

治疗方案 7：双峰呼必康＋双峰喉支康，每包各 100 g 加水 200 kg 饮用，连用 5～7 天。

治疗方案 8：双峰呼立停＋双峰疫康灵，每包各 100 g 加水 200 kg 饮用，连用 5～7 天。

治疗方案 9：对有肾型病变的鸡传染性支气管炎，双峰疫康灵＋双峰肾康，每包各 100 g 加水 200 kg 饮用，连用 5～7 天。双峰肾康的主要作用是排除尿酸盐沉积和消除肾脏炎症。

# 七 传染性喉气管炎

## (一) 临床特征

本病主要有 2 种病型,分别是急性型(喉气管型)和温和型(结膜型)。

急性型喉气管炎由高致病性病毒株引起,其特征是病鸡表现呼吸困难、抬头伸颈,并发出响亮的喘鸣声,表情极为痛苦,有时蹲下,身体随着一呼一吸而呈波浪式的起伏;鸡咳嗽或摇头时,咳出血痰,血痰常附着于墙壁、水槽、食槽或鸡笼上,个别鸡嘴有血染;将鸡的后头用手向上顶,令鸡张开口,可见喉头周围有泡沫状液体,喉头出血。若喉头被血液或纤维蛋白凝块堵塞,病鸡会窒息死亡。死鸡的鸡冠及肉髯呈暗紫色,死鸡体况较好,死亡时多呈仰卧姿势。

温和型结膜型喉气管炎由低致病性病毒株引起,主要侵害 30～40 日龄鸡,症状较轻。特征表现眼结膜炎,病初眼角积聚泡沫性分泌物,流泪,不断用爪抓眼,眼睛轻度充血,眼结膜红肿,1～2 天后流眼泪,眼分泌物从浆液性到脓性,眼睑肿胀和粘连,严重的会引起失明;病后期角膜混浊、溃疡,鼻腔有持续性的浆液性分泌物,眶下窦肿胀。产蛋鸡产蛋率下降,畸形蛋增多。

## (二) 病理变化

急性型喉气管型:特征性病变在喉头和气管。喉和气管内有卡他性或卡他出血性渗出物,渗出物呈血凝块状堵塞喉和气管。喉和气管内存有纤维素性干酪样物质,呈灰黄色附着于喉头周围,很容易从黏膜剥脱,堵塞喉腔,特别是堵塞喉裂部。干酪样物从黏膜脱落后,黏膜急剧充血,轻度增厚,散在点状或斑状出血,气管上部气管环出血。鼻腔和眶下窦黏膜发生卡他性或纤维素性炎,黏膜充血、肿胀,散布小点状出血。有些病鸡鼻腔渗出物中带有血凝块或呈纤维素性干酪样物。产蛋鸡卵巢异常,卵泡变软、变形、出血等。

温和型结膜炎喉气管:有的病例单独侵害眼结膜,有的则与喉、气管病变合并发生。结膜病变主要呈浆液性结膜炎,表现为结膜充血、水肿,有时有点状出血。有些病鸡眼睑特别是下眼睑发生水肿,而有的则发生纤维素性结膜炎,角膜溃疡。

## (三) 鉴别诊断

与鸡毒支原体、鸡传染性鼻炎的鉴别诊断:

1. 与鸡毒支原体感染(鸡慢性呼吸道病)的鉴别诊断。鸡毒支原体感染主要侵害4~8周龄幼鸡,呈慢性经过,可经蛋传染,流浆液性鼻液,咳嗽,喷嚏,呼吸困难,有啰音;后期眼睑肿胀,眼部突出,眼球萎缩,甚至失明。病程1个月以上,甚至3~4个月。鼻、气管、支气管和气囊内有黏稠渗出物,气囊膜变厚和浑浊,表面有结节性病灶,内含干酪样物。

2. 与鸡传染性鼻炎的鉴别诊断。3~4日龄幼雏对鸡传染性鼻炎有一定抵抗力,4周龄以上的鸡均易感,呈急性经过。鼻腔与窦发炎,流鼻涕,有甩鼻现象,喷嚏,脸部和肉髯水肿;眼结膜发炎,眼睑肿胀,严重者引起失明。鼻腔与鼻窦黏膜卡他性炎症,表面有

大量黏液;严重时鼻窦、眶下窦和眼结膜囊内有干酪样物。鸡传染性鼻炎使用抗生素治疗有效,而鸡传染性喉气管炎用抗生素治疗无效。

## (四) 防治措施

### 1. 综合防治措施

坚持严格的隔离、消毒等防疫措施是防止本病流行的有效方法。由于带毒鸡是本病的主要传染源之一,故易感鸡切不可与病愈鸡或来历不明的鸡接触。

对发病鸡群可采取对症治疗的方法。

(1) 本病如继发细菌感染,死亡率会大大增加,结膜炎病鸡可用氧氟沙星眼药水点眼。

(2) 大群鸡可用双峰新感必治或双峰速感康,每包 100 g 加水 200 kg 饮用,连用 5～7 天。

(3) 用平喘药物可缓解症状,盐酸麻黄素每只鸡每天 10 mg,氨茶碱每只鸡每天 50 mg,饮水或拌料投服;或双峰喉支康每瓶 100 g 兑水 200 kg 饮用,连用 5～7 天。

### 2. 选用的疫苗

在本病流行地区可接种疫苗。目前使用的疫苗有两种:一种是弱毒疫苗,弱毒疫苗最佳接种途径是点眼,可引起轻度结膜炎且可导致暂时眼盲,继发感染,引起 1%～2%的死亡,滴鼻和肌注法效果不如点眼好。另一种是强毒疫苗,只能作擦肛用,绝不能将疫苗接种到眼、鼻、口等部位,否则会引起疾病暴发。擦肛后 3～4 天,泄殖腔会出现红肿反应,此时就能抵抗病毒攻击。强毒疫苗免疫效果确实,但未确诊有本病的鸡场、地区不用。

### 3. 免疫程序

首免在 4～5 周龄时进行,12～14 周龄时再接种一次。肉鸡首免可在 5～8 日龄进行,4 周龄时再接种一次。

# 八 H9亚型禽流感

## （一）临床特征

鸡H9亚型低致病性禽流感发病率在80%以内，死亡率一般在10%～50%；潜伏期从几小时到数天，最长可达21天。主要表现为采食下降，精神沉郁，离群呆立。病鸡有明显的呼吸道症状，咳嗽、鸣音、喷嚏和鼻窦肿胀，后期病鸡张口伸颈喘气或咳嗽甩头，由于喘不过气来，往往蹦高死亡，死亡鸡的嗉囊内都有饲料，类如猝死。产蛋鸡产蛋量明显下降，产蛋率可下降50%～90%，甚至停产，产蛋下降的同时，软壳蛋、薄壳蛋、畸形蛋增多。

## （二）病理变化

病鸡气管严重充血、出血，支气管发炎、充血、出血，内有黄白色的干酪样线条状阻塞物。肺部淤血、出血。胸气囊发炎，有黄白色脓性分泌物。产蛋母鸡卵巢发炎，卵泡充血、出血，卵黄液变得稀薄；严重者卵泡破裂，卵黄散落到腹腔中，形成卵黄性腹膜炎，输卵管水肿。

## （三）鉴别诊断

与新城疫、鸡传染性支气管炎的鉴别诊断：

1. 与新城疫的鉴别诊断。鸡新城疫可发生于各种日龄鸡群，雏鸡发病严重，死亡率高，发病鸡呼吸困难，嗉囊积液，后期出现扭颈等神经症状。非典型鸡新城疫的发病相对比较温和，产蛋下降30%左右，主要是呼吸道症状，喉头、气管黏膜出血，以腺胃和肌胃的肿胀、出血为特征，肠道表现淋巴结的肿胀、出血，输卵管有轻微的炎症，但没有水肿和炎性分泌物，卵泡膜充血。蛋品质方面，非典型鸡新城疫多表现蛋壳变薄，蛋壳颜色变浅。

2. 与鸡传染性支气管炎的鉴别诊断。鸡传染性支气管炎多见于20日龄内的雏鸡发病，传播迅速。呼吸道症状较轻，气管啰音、喘气，产蛋鸡产蛋下降，出现软壳蛋和畸形蛋，蛋清稀薄。支气管内有干酪样栓子或卡他性炎症；卵泡充血、出血、破裂，卵黄液流入腹腔呈黄色混浊；肾肿大，有尿酸盐沉积；腺胃壁有溃疡。

## (四) 防治措施

H9亚型禽流感一旦发生，无特效的治疗药物，损失较大，应重视对本病的预防。

### 1. 加强饲养管理

严格执行生物安全措施，加强禽场的防疫管理，建立严格的检疫制度，调入种蛋、雏鸡等产品，要经过兽医检疫；新进场的雏鸡应隔离饲养一定时期，确定无病后方可混群饲养；严禁从疫区或可疑地区引进家禽或禽制品。加强饲养管理，避免寒冷、长途运输、拥挤、通风不良等因素对家禽的影响，增加家禽的抵抗力。

### 2. 免疫预防

可选用禽流感H9N2亚型油乳剂疫苗或者联苗进行免疫。

参考免疫程序如下：

蛋(种)鸡9～10日龄时，选择鸡新城疫＋鸡传染性支气管炎＋禽流感(H9亚型)三联灭活疫苗颈部皮下注射0.3 ml；35～40日龄时加强免疫，颈部皮下注射0.5 ml；120日龄时颈部皮下注射0.5 ml；180～200日龄时颈部皮下注射0.5 ml。

# 九 鸡毒支原体病

## (一) 临床特征

本病发病初期出现浆液性或黏液性鼻漏，后出现鼻窦炎、结膜炎、气囊炎及呼吸困难、咳嗽，可清晰地听到呼吸啰音，在夜深和清晨更为明显，病鸡常伸颈甩头，做吞咽动作。病鸡表现食欲不振，生长停滞，消瘦，饲料报酬下降，眼部肿胀，甚至造成一侧眼睛失明。

雏鸡表现为生长迟缓、发育不良，病弱雏增多，淘汰率增加。成年鸡往往表现较轻，偶尔可见病鸡精神萎靡、食欲减退和腹泻。

产蛋鸡的呼吸症状和幼鸡相似，但轻微或不明显，仅表现为产蛋量、产蛋率和孵化率逐渐下降，弱雏率上升。产蛋率下降常会维持在一个低产蛋水平上，持续几十天至几个月不发生变化。

## (二) 病理变化

鼻腔、气管、支气管中有大量黏稠分泌物。气管黏膜增厚、变红。鼻腔、眶下窦内积蓄大量黏液和干酪样物。结膜炎的病例可见结膜红肿，眼球萎缩或破坏，结膜中能挤出灰黄色干酪样物质。

早期气囊轻度混浊水肿、不透明；随着病程的延长，气囊增厚，胸腹气囊炎，囊腔内有大量白色泡沫样分泌物，或可见结节性病灶，囊腔内有干酪样、黄白色、脓性渗出物，气囊粘连。如伴有其他病毒性和细菌性疾病，特别是伴有大肠杆菌感染时，表现为严重的肺炎和心包炎、肝周炎病变，死亡率也较高；引发关节炎时，趾底部和胫、跖关节肿胀，关节液增多，初期清亮，后变混浊，最后呈奶油状黏稠。

## (三) 鉴别诊断

与鸡传染性支气管炎、鸡巴氏杆菌病的鉴别诊断：

1. 与鸡传染性支气管炎鉴别。类似处：都可清晰地听到呼吸啰音，在夜深和清晨更为明显，病鸡常伸颈甩头，做吞咽动作。不同处：传染性支气管炎鸡群往往发病突然，有黄白色或绿色下痢；鸡毒支原体病会造成眼部肿胀，甚至造成一侧眼睛失明。

2. 与鸡巴氏杆菌病鉴别。类似处：有传染性，精神不振，步态不稳，离群掉队，有的因关节炎跛行，鼻流黏液，下痢，粪绿色。心冠脂肪出血点。不同处：鸡毒支原体病病原为支原体。结膜炎，流泪，以5～7周龄最为严重。鼻腔、气管有大量黏稠液，胸、腹腔、气囊、心包有多量混浊液和纤维素蛋白絮片，腹腔脏器覆有黄色纤维膜，肝色深。

## (四) 防治措施

### 1. 切断传播途径

鸡一旦感染本病很难根治，并且还会诱发其他疾病的发生。因此，对本病应重点放在预防上，必须切断传播途径。鸡舍周围每月进行一次环境消毒。同时加强饲养管理，做好防寒防暑工作，注意通风换气，冬春季节做到保温保暖，夏天做到防暑降温。

**2. 科学选用疫苗**

目前主要有F株、68/5株和TS11株等MG冻干活苗，其中鸡毒支原体疫苗F36 MG(F株)是将中等毒力的鸡毒支原体疫苗株进一步致弱，培育用于疫苗生产的F36株。该菌株对鸡安全，无副作用，同时接种新城疫、传染性支气管炎弱毒不增强它的毒力。用鸡毒支原体弱毒活疫苗免疫接种鸡，其保护率可达70%以上，免疫期为9个月，较适合目前我国鸡毒支原体的发病和流行特点。

**3. 参考免疫程序**

1周龄接种鸡支原体冻干苗，10周龄重新接种一次。灭活苗7～15日龄雏鸡颈部皮下注射0.2 ml，成鸡0.5 ml。

同时做好鸡传染性法氏囊病、鸡传染性支气管炎、鸡传染性喉气管炎和鸡传染性鼻炎的免疫接种，防止支原体等病原侵入。

**4. 治疗**

鸡毒支原体对多种药物均敏感，但鸡败血支原体可感染气囊形成干酪样物质，药物难以到达该部位，使病原体可长期在体内存活，且容易复发，所以一旦发病要坚持长期用药、轮换用药或联合用药。支原体很容易产生抗药性，长期使用单一药物，往往效果甚微或完全无效。因此，使用药量一定要足，疗程不宜太短，一般需连续用药3～7天。同一鸡群不能长期使用一种药物，宜几种药物轮换用药或联合使用。病鸡迁出后的栏舍及所有用具，经彻底清洗消毒，7～10天后才能重新使用，必要时隔2周以上再使用。

治疗方案1：多西环素，混饲，每千克饲料1～2 g，混匀后连喂1周，预防量减半。

治疗方案2：复方泰乐菌素混饮，每升水1～2 g，连用3～5天。

治疗方案3：北里霉素混饮，每升水0.5 g，连用3～5天。

治疗方案4：链霉素肌肉注射，每千克体重成鸡100 mg(约10万单位)，每日1～2次，连用5天；5～6周龄小鸡每日每只50～

80 mg。

治疗方案 5：双峰呼喘平（替米考星），每瓶 100 mg 兑水 200 kg 饮用，连用 5～7 天。

治疗方案 6：喹诺酮类药物对支原体、大肠杆菌、沙门氏菌等均有很好疗效，如双峰呼立停（甲磺酸培氟沙星），每包 100 g 兑水 200 kg 饮用，连用 5～7 天。

治疗方案 7：罗红霉素用于支原体感染疗效较好，且不良反应小。与甲氧苄啶合用有协同作用，疗效显著。

# 十 鸡滑液囊支原体病

## (一) 临床特征

鸡滑液囊支原体病简称MS,主要感染鸡、火鸡以及珍珠鸡,且以幼雏为主。鸭、鹅、鸽、日本鹌鹑、红腿鹧鸪也可感染。人工接种时野鸡、鹅、鸭也可感染。以直接接触、经呼吸道传染和垂直传播为主,通过吸血昆虫也可感染。自然感染的潜伏期约24~80天,接触感染通常为11~21天。

12周龄以上的鸡很少发病,患病最多的是9~12周龄的鸡,发病率5%~10%,死亡率一般在10%以内,严重者可高达75%左右。病鸡鸡冠萎缩、发白,离群、喜卧,缩头闭眼,生长迟缓,羽毛粗乱,步态呈轻微的八字步、跛行,贫血,排绿色粪便,腹水,消瘦。关节周围常呈肿胀,尤以飞节和趾节为重,有时可达鸽蛋大,触之有波动感。病后期,关节变形,久卧不起,虽有食欲但因无法采食而极度消瘦,最后因衰竭或并发其他疾病死亡。母鸡产蛋量可下降20%~30%。

## (二) 病理变化

发病早期大多数在关节、腱鞘呈明显的肿胀,出现黏稠的、乳酪色至灰白色渗出物，病程长者渗出物呈干酪样，被感染关节表面常为黄色或橘红色，渗出物量以跗关节、翼关节或足垫较多，关节膜增厚，关节肿大突出。胸部有囊肿，初呈浅黄色组织增生物，病程长时囊肿较大，可达 2 cm×4 cm×2 cm，切开内有黄色或褐色分泌物。产蛋鸡卵泡、输卵管发育不良或未发育。肝脏、脾脏略肿大，且质地变硬。

## (三) 鉴别诊断

与鸡病毒性关节炎、鸡葡萄球菌感染、鸡伤寒和鸡白痢的鉴别诊断：

病毒性关节炎主要是鸡容易发生，特别是肉鸡，往往从 4 周龄开始发病，之后会持续发病，病鸡会由于腓肌腱发生断裂而出现跛行，甚至发生瘫痪，但没有发生死亡，不会出现明显的全身症状。感染葡萄球菌出现的关节炎，通常有趾瘤，且有些病鸡体表呈紫色，发生溃烂，并能从病变的组织中分离到葡萄球菌。鸡伤寒和鸡白痢也可导致鸡关节炎，但病鸡会排出白色粪便，内脏发生特征性的病变时，可从脏器中分离到沙门氏菌。

## (四) 防治措施

MS 既可垂直传播，又可水平传播。鸡群一旦感染将很难根除，因此要坚持预防为主、加强管理和综合防治的原则。进雏鸡时严格把关，坚持实行全进全出的饲养模式，保持鸡舍通风良好，降低饲养密度，加强消毒和检疫，使用 SPF 疫苗免疫，实行综合性生物安全措施对维持鸡群呼吸道健康和保持鸡群 MS 阴性状态至关重要。同时做好种鸡场鸡群的净化，及时淘汰患病鸡，在 30 日龄、60 日龄、90 日龄、120 日龄分别用敏感药物预防，减少应激，可减少 MS 的发生。

免疫接种是预防 MS 的一种手段。目前市场上有 MS 弱毒疫苗(MS—H 株)已广泛使用。喷雾免疫和点眼滴鼻免疫两种方式均可达到较好效果。此外，MS—H 疫苗与多种呼吸道病毒弱毒苗共同接种也是安全的。MG 疫苗免疫对 MS 感染会有一定抑制作用，但保护力不足。

对于 MS 阳性鸡群，药物治疗能够有效降低 MS 的感染，及时减轻发病症状。但 MS 会产生抗药性和耐药性，且不同病例中菌株对抗生素敏感性不同，因此要根据药物敏感试验结果选择药物进行治疗。常用的药物有支原净、利高霉素、泰乐菌素、恩诺沙星、链霉素等，要连续用药才有效果。

治疗方案 1：滑源清饮水，连续使用 5 天以上，可以控制全群感染。

治疗方案 2：支囊克星(兑水量 500 kg)＋痢杆见影(兑水量 400 kg)集中饮水 3 个小时之内喝完，连用 7 天。

治疗方案 3：滑囊清每袋兑水 200 kg，连用 6 天。

# 十一 鸡传染性法氏囊病

## (一) 临床特征

幼雏鸡突然发病，出现症状后 1～3 天死亡，2～3 天内可波及 60%～70%的鸡，发病后 3～4 天死亡率达到高峰，群体病程一般不超过 2 周，病鸡精神沉郁、颈部炸毛、羽毛逆立、无光泽，嘴插入羽毛中，常蹲在墙角下，严重时卧下不动，呈三足鼎立特征性姿势，石灰水样、奶油状白色稀便。

## (二) 病理变化

病鸡法氏囊肿胀，呈黄色胶冻样水肿，浆膜覆盖有淡黄色、胶冻样渗出物，表面纵行条纹清晰可见，法氏囊由正常的乳白色变为奶油黄色，内有黏液性或纤维素性渗出物，轻度出血或中度出血、坏死呈紫黑色（“紫葡萄”样）；肾脏肿胀，输尿管和肾脏因尿酸盐沉积呈花斑状；肝脏肿大，呈土黄色，由于肋骨压迹而呈红黄相间的条纹状，周边有梗死灶；脾脏可能轻度肿大，表面有弥漫性灰白色病灶；胸肌呈现出血条纹或出血斑，腿肌呈现出血条纹或出血斑，腺胃和肌胃交界处黏膜有出血带。

## (三) 鉴别诊断

与鸡新城疫、鸡传染性支气管炎、鸡马立克氏病的鉴别诊断：

1. 鸡新城疫法氏囊出血、坏死，存留数量不等的干酪样渗出物。鸡传染性支气管炎法氏囊充血或轻度充血，腺胃型鸡传染性支气管炎法氏囊萎缩或正常。鸡马立克氏病法氏囊通常萎缩、坏死，滤泡间有淋巴样细胞浸润，发生弥漫性增厚的肿瘤病变罕见。

2. 鸡新城疫在急性型的肝脏出现网状组织细胞增生，散布数量不等的坏死灶。腺胃型鸡传染性支气管炎肝脏淤血，散布数量不等的小坏死灶，肝脏实质细胞变性，以至局灶性弥漫性坏死。鸡马立克氏病肝脏散布数量不等、大小不一的肿瘤块，呈灰白色，质地坚硬而致密，有时肿瘤呈弥漫性，使肝脏变得很大，故肝脏因高度肿大而破裂，肝脏有裂口，表面覆盖有大的血凝块。

3. 鸡新城疫肾脏多无特征性病变。肾脏型鸡传染性支气管炎主要病变有肾脏肿大、苍白，小叶突出，输尿管和肾小管扩张，沉积大量尿酸盐，整个肾脏外形呈斑驳的白色网线状，俗称“花斑肾”；腺胃型鸡传染性支气管炎表现肾脏肿大，有尿酸盐沉积，肾间质水肿，细尿管和肾小球间质内有淋巴细胞浸润。鸡马立克氏病肾脏散布数量不等、大小不一的肿瘤块，呈灰色，质地坚硬而致密。

## (四) 防治措施

### 1. 科学选用疫苗，规范免疫程序

选择传染性法氏囊活疫苗时既要考虑产生足够的免疫力，保护鸡群不发生传染性法氏囊病，又要考虑传染性法氏囊活疫苗毒株不伤害法氏囊组织，避免产生免疫抑制现象。

推荐参考免疫程序：

一般在 14 日龄时用法氏囊弱毒苗饮水；28 日龄用法氏囊中毒

苗饮水。推荐两种不同的免疫方法，即饮水免疫和滴口免疫。

**2. 从种鸡做起，提高母源抗体水平**

定期为种母鸡接种传染性法氏囊油乳剂灭活疫苗，父母代种母鸡在开产前和42周龄左右各注射一次传染性法氏囊油乳剂灭活疫苗。种母鸡产生的传染性法氏囊保护性抗体转移给雏鸡的效率达80%以上，这样可以使后代雏鸡群获得高水平、均匀一致的母源抗体，保护雏鸡抵抗传染性法氏囊病毒强毒早期感染。

**3. 做好隔离消毒，加强饲养管理**

鸡群发生传染性法氏囊病时，首先将病鸡隔离，对发病鸡舍、鸡群、场地、用具等用0.3%过氧乙酸或2%烧碱喷洒一遍。在育雏阶段发病时，应注意提高育雏舍的温度，尽可能减少雏鸡死亡。减少各种应激因素，如需接种疫苗、断喙、调整鸡群等，建议推迟进行。降低饲料中的蛋白质含量，提高维生素含量，如每2 000 kg饲料添加多维500 g混饲，或者每4 000 kg饲料添加多维500 g混饮，持续5～7天。防止雏鸡脱水，在饮水中添加5%葡萄糖、0.1%氯化钠或医用板蓝根冲剂每20～25羽15 g。

在发病期间若无细菌感染，不建议使用抗生素预防，更不能使用磺胺类药物，以免加重肾脏损伤。

当发生继发感染时，应使用高效、低毒的药物，如10%黄芪多糖(双峰疫康灵)，每包100 g加水200 kg饮用，连用3～5天。

控制肾脏肿胀可采用10%五苓散(双峰肾康)，每包100 g加水100 kg饮用，连用3～5天。

# 十二 减蛋综合征(EDS)

## (一) 临床特征

感染鸡群无明显临床症状，通常26～36周龄产蛋鸡突然出现群体性产蛋下降，产蛋率比正常下降20%～30%，甚至达到50%。产出软壳蛋、薄壳蛋、无壳蛋、小蛋，蛋体畸形，蛋壳表面粗糙，如白灰、灰黄粉样，褐壳蛋则色素消失，颜色变浅，蛋白水样，蛋黄色淡，或蛋白中混有血液、异物等。异常蛋可占产蛋量的15%或以上，蛋的破损率增高。

## (二) 病理变化

本病常缺乏明显的病理变化，特征性病变是输卵管各段黏膜发炎、水肿、萎缩，卵巢萎缩、变小或有出血，子宫黏膜发炎，肠道出现卡他性炎症。

## (三) 鉴别诊断

与新城疫、传染性支气管炎、脑脊髓炎、败血支原体病的鉴别诊断：

1. EDS一般没有其他临床症状和除生殖器以外的病理变化。

非典型新城疫则有神经症状和稍轻的呼吸道、消化道症状。传染性支气管炎有明显的呼吸道症状和相应的病理变化且在恢复期产异常蛋。

2. 脑脊髓炎和败血支原体病虽也有产蛋量下降现象，但不产畸形蛋、壳异常蛋，可与 EDS 相鉴别，也可通过实验室检查进行鉴别。

## (四) 防治措施

免疫接种是本病主要的防制措施。

推荐参考免疫程序：在开产前 4～10 周进行初次接种，产前 3～4 周进行第二次接种。

发病鸡场，可用以下方案进行辅助治疗：

治疗方案 1：土霉素和呋喃唑酮各 0.5～0.7 g/kg 饲料拌匀饲喂，添加维生素、矿物质等增强抵抗力。

治疗方案 2：催蛋王每只每天 0.3 ml 加清水 30 ml 稀释后自饮。

治疗方案 3：黄连、黄柏、黄芩、双花、大青叶、甘草、板蓝根各 50 g，黄药子、白药子各 30 g，加水煎取药汁 5 kg，加白糖 1 kg，供 50 只鸡服用，连用 3～5 剂。

治疗方案 4：激蛋散（虎杖、地榆、丹参、川芎、山楂、丁香等研末）按 1%的药量加入料中喂服，连用 5 天。

治疗方案 5：瘟必嘉＋卵管嘉饮水，连用 3～5 天，配合百疫散同时拌料，病情得到控制后，用产蛋多精＋维生素 E＋嘉利补快速恢复产蛋率。

# 十三 肝炎综合征(鸡心包积液、安卡拉病)

## (一) 临床特征

心包积水—肝炎综合征即安卡拉病,属于腺病毒。该病早在1985年就已见有散发病例,1987年3月在卡拉奇附近的安卡拉地区一个肉鸡场发生暴发性流行,安卡拉病由此得名。本病主要发生于1～3周龄的肉鸡、817麻鸡,也可见于肉种鸡和蛋鸡,其中以5～7周龄的鸡最多发。发病鸡群多于3周龄开始死亡,4～5周龄达高峰,高峰持续期4～8天,5～6周龄死亡减少。病程8～15天,死亡率达20%～80%,一般在30%左右。本病可垂直传播,也可水平传播。鸡感染后可成为终身带毒者,并可间歇性排毒。病初个别鸡精神不振,呆立,采食量下降,消瘦,排黄绿色稀便,出现零星死亡,有的有呼噜症状,接着发病率上升,死亡率增加,严重感染时全群死亡。本病主要侵害肝脏、脾脏、肾脏,潜伏期短、发病快。其特征是无明显先兆而突然倒地,沉郁,羽毛成束,出现呼吸道症状,甩鼻、呼吸加快,部分有啰音,排黄色稀粪,有神经症状,两腿划空,数分钟内死亡。

## (二) 病理变化

心包积液或心包内有胶冻样黄色物,积液高达15～20 ml,心肌疲软;肝脏肿大、色淡,有出血条带,边缘钝圆、质地变脆、色泽变黄,并出现坏死;肺淤血水肿、外观发黑;肾脏肿大、苍白或色淡略黄、出血等,输尿管内尿酸盐增多;腺胃乳头及腺胃、肌胃交界处出血,出血性肠炎,盲肠扁桃体出血等。

## (三) 鉴别诊断

与鸡腹水综合征和包涵体肝炎的鉴别诊断:

1. 鸡腹水综合征冬季多发,发病日龄为 4 周龄至出栏肉鸡。剖检特征为心包积水、腹水、肝脏柔软肿大。发病症状为腹围增大,有时发出怪声及腹泻。

2. 包涵体肝炎多见于 3～7 周龄的肉鸡、蛋鸡。剖检特征为肝脏出现散在出血斑点,心脏组织苍白。发病时间及症状病程 10 天左右,皮肤黄染,皮下出血。

## (四) 防治措施

**1. 预防**

采用当地分离株制备的疫苗接种是控制本病的关键措施,而加强饲养管理,做好通风换气及保温工作,供应优质饲料,严格消毒等措施是预防本病的重要手段。

(1) 减少应激,防止过度惊吓导致心跳加快、呼吸变浅、供氧不足,严重时,心包积液会导致心脏压塞征。

(2) 避免热应激,注意通风降温,供给鸡舍充足的新鲜空气,保证氧气供应。

(3) 在发病区、发病季节,注意养殖密度不要过大,甚至可以降低密度。

(4) 密闭式鸡舍,注意负压不要过大,以防止鸡舍缺氧。必要时可适当加大进风口面积,加大风力风速;也可以使用正压通风,

以保证氧气供应。

(5) 疫区饲料全程添加脱霉剂,能够有效防止霉菌及其毒素对肝脏、肾脏的侵害。

**2. 治疗**

本病主要治疗方案以对症治疗为主,主治思路为:

(1) 保肝护肾。由于本病会出现肝肾肿大、色泽变黄等炎症的变化,可以使用利水消肿、扶正固本、通利二便的药物,恢复肝肾机能,增强药物吸收利用率,如葡萄糖、维生素 C 或适当补充电解多维、葡萄糖醛内酯及某些中药,不能用对肝脏、肾脏有损害的药物。

(2) 强心利尿。由于本病出现较多的心包积液,导致心脏和血液循环发生问题,血液中的水分向组织间液渗出,出现肝水肿、心包积液等症状。因此需要通过使用强心药物来维持心脏功能,通过使用高效利尿药来消除组织间液的水分而缓解心包积液和肝肾水肿。可以使用牛磺酸、樟脑磺酸钠、安钠咖来强心,使用呋塞米等利尿药来缓解心包积液、肝肾水肿现象,同时可另外加用 ATP、肌苷、辅酶 A 等补充能量。

(3) 清除病毒。使用专业安卡拉病毒抗体进行治疗。卵黄抗体富含的特异性免疫球蛋白(IgG)迅速中和并清除血液中特定病毒,使各组织器官内的病毒凋亡,阻碍病毒在机体细胞内的复制,协助机体排除病毒,继而从根本上使机体摆脱病毒侵害。

参考治疗方案:发病初期,采用茯白散(板蓝根 15～25 g,白芍 10～20 g,茵陈 20～30 g,龙胆草 10～15 g,党参 7.5～15 g,茯苓 7.5～15 g,黄芩 10～20 g,苦参 10～20 g,甘草 10～30 g,车前草 10～30 g,金钱草 15～45 g)治疗,0.5～2.0 g/只,每天 1 次,连用 5 天。

# 十四 鸡弧菌性肝炎

## （一）临床特征

鸡弧菌性肝炎又称鸡弯曲杆菌病，是由空肠弯曲杆菌引起的细菌性传染病。自然流行仅见于鸡，多见于开产前后的鸡，一般为散发。饲养管理不善、应激反应，鸡球虫病、大肠杆菌病、霉形体病、鸡痘等是本病发生的诱因。雏鸡精神倦怠、沉郁、腹泻，粪便呈黄褐色、糨糊样软便，继而成水状，部分肛门红肿外凸，偶见腹部膨大，手触有波动感。青年鸡常呈亚急性或慢性经过，死亡率偏高。产蛋鸡耐过后消化不良，产蛋率下降或停止产蛋，终因营养不良而消瘦死亡。

## （二）病理变化

急性期：肝脏肿大，质脆，淤血，边缘钝圆，表面有出血点或凹陷的出血斑；严重时，肝破裂，肝脏有针尖大小的白色星芒状或雪花状坏死灶。

亚急性期：肝脏稍肿大，呈黄褐色，边缘质硬，有时坏死区域扩大至整个肝。

慢性期：肝脏边缘锐利，质脆或硬化，坏死灶呈灰白色至灰黄

色，布满整个肝实质，呈网格状。脾脏肿大1～1.5倍，呈斑驳状；肾脏肿大，质脆，呈黄褐色或苍白，有黄白色点状坏死灶；心包液增多，心肌呈黄褐色。

## （三）鉴别诊断

与鸡脂肪肝、鸡包涵体肝炎和鸡沙门氏菌病的鉴别诊断：

1. 与鸡脂肪肝的鉴别：脂肪肝主要发生于高产鸡群，鸡冠苍白，常突然死亡。剖检可见尸体肥胖，皮下脂肪厚，腹内脂肪大量沉积，肝脏肿大色淡，质脆，有油腻感，肝破裂者，腹腔内充满血凝块但不是血水。而本病主要是肝破裂后，腹腔内有乌黑色血水，注意是血水而不是血凝块，这是一个典型特征。

2. 与鸡包涵体肝炎的鉴别：包涵体肝炎病鸡突然死亡，大多数发生于3～7周龄，集中于5周龄。病程持续7～10天后突然停止。肝肿大发黄，表面有点状或斑状出血或和坏死灶相间。皮肤略微发黄，类似于人的黄疸型肝炎。

3. 与鸡沙门氏菌病的鉴别：二者肝脏都有坏死点，但沙门氏菌病病变以散在或密集的大小不等的白色坏死点为主，而本病的坏死点是以规则的圆形点为主。但弧菌性肝炎肝脏的坏死点呈星状、“S”弧形，有的中间还有分叉、形状不规则，坏死点凸出肝脏表面。

## （四）防治措施

### 1. 加强饲养管理

鸡舍保持通风换气良好，防止发生应激。供给蛋鸡营养全面且均衡的饲料，在饲料或饮水中加入微生态制剂，促使其发育良好，提高机体抵抗力。舍内温度、湿度保持适当，合理光照，饲养密度适宜。

**2. 加强消毒**

加强带鸡消毒，鸡舍内外、饲料、饮水以及各种用具等都要进行严格消毒，做好寄生虫，尤其是球虫的防治工作。

治疗方案1：饮水中加入40 mg的卡那霉素，同时提供适量的电解多维，让鸡自由饮用，连用5天，对于个别病情较为严重的鸡可按体重肌注20 mg/kg的卡那霉素，每天2次，连续3天。

治疗方案2：饲料中添加0.05%的呋喃唑酮，口服环丙沙星的稀释液。

治疗方案3：在饮水中加入多西环素，让鸡服用，每天2次，连用5天，然后再饮添加红霉素的水，每天2次，连用5天。

治疗方案4：抗菌药饮水或拌料，如诺氟沙星、土霉素、甲硝唑等，连用3～5天。

治疗方案5：枸杞75 g，白菊花75 g，当归75 g，熟地75 g，黄芩50 g，茺蔚子50 g，柴胡50 g，青葙子50 g，决明子50 g。水煎，供100只成年鸡1天拌料饲喂，连服12天。用本方治疗曾用土霉素等药物治疗无效的病鸡，能使产蛋率回升。

# 十五 鸡大肠杆菌病

## （一）临床特征

本病有败血型、脑炎型、雏鸡脐炎型、眼球炎型、肠炎型、关节滑膜炎型、生殖系统炎症型、肉芽肿型等几种类型。

败血型：呼吸困难，精神沉郁，羽毛松乱，食欲减退或废绝，剧烈腹泻，粪便呈白色或黄绿色，腹部肿胀，病程较短，很快死亡。

脑炎型：雏鸡和产蛋鸡多发，主要发生于 2～6 周龄鸡。精神委顿，昏睡，垂头闭目，下痢，蹲伏及歪头，扭颈，倒地，抽搐等。

雏鸡脐炎型：俗称“大肚脐”。病鸡多在 1 周内死亡，精神沉郁、虚弱，常堆挤在一起，少食或不食；腹部大，脐孔及周围皮肤发红、水肿或呈蓝黑色，有刺激性臭味，卵黄不吸收或吸收不良，剧烈腹泻，粪便呈灰白色，混有血液。

眼球炎型：精神萎靡，闭眼缩头，采食减少，饮水量增加，拉绿白色粪便；眼球炎多为一侧性，少数为两侧性；眼睑肿胀，眼结膜内有炎性干酪样物，眼房积水，角膜混浊，流泪怕光，严重时眼球萎缩、凹陷，甚至失明等，终因衰竭死亡。

肠炎型：精神萎靡，闭眼缩头，采食减少，饮水量增加，剧烈腹泻，粪便伴有血液，肛门周围羽毛被粪便污染而污秽、粘连。

关节滑膜炎型：跛行或卧地不起，腱鞘或关节发生肿胀、腹泻等。

生殖系统炎症型：体温升高，鸡冠萎缩或发紫，羽毛蓬松；食欲减退并废绝，喜饮少量清水；腹泻，粪便稀软呈淡黄色或黄白色，混有黏液或血液，常污染肛门周围的羽毛；产蛋率低，产蛋高峰上不去或产蛋高峰维持时间短，腹部明显增大下垂，触之敏感并有波动，鸡群死淘率增加。

肉芽肿型：本型在临床中很少见到，死亡率比较高。外表无可见症状。

## （二）病理变化

败血型：肝肿大，质脆易碎，被膜增厚，不透明呈黄白色，易脱落，表面覆盖纤维素性膜，俗称"肝周炎"，剥脱后肝呈紫褐色，被膜下散在大小不一的出血点或坏死灶；心包增厚不透明，心包积有淡黄色液体，心包和心脏粘连，俗称"心包炎"；气囊增厚、混浊，表面覆有纤维素性渗出物呈灰白色或灰黄色，囊腔内有数量不等的黄色纤维素性渗出物或干酪样物，俗称"气囊炎"。

脑炎型：头部皮下出血、水肿，脑膜充血、出血，实质水肿，脑膜易剥离，脑壳软化。

雏鸡脐炎型：卵黄吸收不良，卵黄囊充血、出血且囊内卵黄液黏稠或稀薄，多成黄绿色；脐孔周围皮肤水肿，皮下淤血、出血，或有黄色或黄红色的纤维素蛋白质渗出；肝脏肿大呈土黄色，质脆，有淡黄色坏死灶散在，肝包膜略有增厚；肠道呈卡他性炎症。病理变化与鸡血痢相似，临床很难区分。

眼球炎型：病理变化跟临床症状相同。

肠炎型：肠道急性出血，肠黏膜发炎，肠壁变薄，肠浆膜有明显的小出血点，有的形成慢性肠炎。

关节滑膜炎型：关节肿大，关节周围组织充血、水肿，关节腔内有纤维素性渗出物或混浊的关节液，滑膜肿胀，增厚。

生殖系统炎症型：输卵管黏膜充血、壁变薄或囊肿，内有数量不等的干酪样物，呈黄白色，切面轮层状，较干燥；大量卵黄落入腹腔内，广泛地分布于肠道表面而形成卵黄性腹膜炎；泄殖腔外翻、出血。

肉芽肿型：心脏、胰腺、肝脏及盲肠、直肠和回肠的浆膜有粟粒大灰白色或灰黄色肉芽肿，肠发生粘连；肝表面有不规则的黄色坏死灶散在，有时整个肝脏发生坏死。

## （三）鉴别诊断

与鸡副伤寒病、鸡链球菌病和禽结核病的鉴别诊断：

1. 与鸡副伤寒鉴别。类似处（与急性败血型）：有传染性，体温高（43～44 ℃），毛松乱，呆立或挤堆，厌食，饮水增加，下痢，肛门粪污。不同处：鸡副伤寒病病原为副伤寒沙门氏菌，4～6 日龄为死亡高峰期，1 月龄以上很少有死亡。青年鸡、成年鸡发病后多数恢复迅速。剖检可见输卵管增生性病变、卵巢有化脓性坏死病变，但剖检时心包、肝周、腹腔无纤维素性分泌物。

2. 与鸡链球菌病鉴别。类似处（与败血型）：有传染性，毛松乱，减食或绝食，腹泻，粪呈黄白色，剖检可见心包、腹腔有纤维素，肝肿大，肝周炎。不同处：鸡链球菌病病原为鸡链球菌。突发委顿，嗜睡昏睡，冠髯发紫或苍白，产蛋下降 35%，足底皮肤坏死，濒死前角弓反张、痉挛。剖检可见皮下浆膜、肌肉水肿，肝淤血呈暗紫色、有出血点和坏死点，但剖检时无纤维素包围，无肺淤血、肺水肿。

3. 与禽结核病鉴别。类似处：有传染性，减食或废食，毛松乱，呆立，不愿活动，腹泻，产蛋下降，有关节炎。剖检可见肝、脾有结

节块（肉芽肿）。不同处：禽结核病病原为禽结核分枝杆菌。剖检可见肝呈灰黄或黄褐色，肝、脾、肠、心包、气囊均有大小不同的结节。

## (四) 防治措施

大肠杆菌属于条件性致病菌，平时要加强管理，搞好环境卫生，严格消毒及采用当地流行株疫苗进行免疫是预防本病的重要措施。

治疗方案1：对已出现肝周炎、心包炎、气囊炎和腹膜炎的病鸡，无治疗意义，应及时淘汰。其他病鸡应根据药敏试验结果，选择高敏的抗菌药饮水或拌料，连用3～5天。

治疗方案2：选择清热解毒、燥湿的中药制剂治疗。如白龙散、白头翁散、板青颗粒、莲胆散、清解合剂、杨树花口服液、三味拳参散、三黄痢康散、蒲清止痢散、三黄白头翁散、穿甘苦参散、穿虎石榴皮散、四黄白莲散、杨树花止痢散、黄梅秦皮散等。

# 十六 组织滴虫病

## （一）临床特征

本病多发生于2～6周龄的鸡。头部皮肤、冠及肉髯呈蓝色或暗黑色，故又称“黑头病”。精神委顿，羽毛松乱，两翅下垂，怕冷，瞌睡，食欲降低或拒食，粪便先稀薄呈淡黄色或淡绿色，继而带血或排大量鲜血。

## （二）病理变化

一侧或两侧盲肠高度肿胀，比正常肿大2～5倍，盲肠壁增厚和充血，浆液性和出血性物质充满盲肠，渗出物干酪化后形成肠芯；盲肠黏膜及黏膜下层甚至肌层充血、出血、溃疡，盲肠壁出现溃疡，穿孔后引起腹膜炎等；肝肿大呈紫褐色，表面有形状不一、大小不等的坏死灶，如车轮状、纽扣状或榆钱样等。有的坏死区融成片，形成大面积的病变区；肺、肾、脾等部位偶见白色圆形坏死。

## （三）鉴别诊断

与鸡败血型大肠杆菌病和鸡球虫病的鉴别诊断：

1. 与鸡败血型大肠杆菌病的鉴别。二者的类似之处在于：均有精神不振，减食，畏寒，羽毛松乱，腹泻，粪淡黄色有时带血等临床症状。

二者的区别在于:鸡组织滴虫病的病原为组织滴虫,鸡大肠杆菌病的病原为大肠杆菌。后者病鸡腹泻剧烈,口渴。剖检可见心包、肝表面、腹腔流满纤维素性渗出物。分离病原接种于伊红美蓝培养基上,大多数菌落呈特征性黑色。

2. 与鸡球虫病的鉴别。二者的相似之处在于:均有精神委顿,食欲不振,翅膀下垂,羽毛松乱,闭目畏寒,下痢,排含血或全血稀粪,消瘦等临床症状。二者均有盲肠扩大、壁增厚,内容物混有血液样干酪样物等剖检病变。二者的区别在于:鸡球虫病的病原为球虫,病鸡冠髯苍白。剖检可见盲肠内容主要是凝血块、血液。小肠壁发炎、增厚,浆膜可见白色小斑点,黏膜发炎、肿胀,覆盖一层黏液分泌物且混有小血块。刮取黏膜镜检可观察到卵囊和大配子。

## (四) 防治措施

杀灭虫卵是预防本病的关键措施,同时要加强饲养管理。鸡和火鸡隔离饲养,成年鸡和雏鸡分开饲养,及时转舍分群,上笼饲养,清除粪便,严格消毒等措施可降低发病率。

本病尚无特效药物,临床常采用下列药物:

呋喃唑酮治疗用 0.04%,混于饲料,连用 7～10 天;预防用 0.011%～0.022%,混于饲料,休药期为 5 天。

甲硝唑治疗用 0.02%,混于饲料,每日 3 次,连用 5 天,疗效率达 90%。

二甲基咪唑治疗用 0.06%,混于饲料,疗程不得超过 5 天,产蛋鸡群禁用;预防用 0.015%～0.02%,混于饲料,休药期为 5 天。

卡巴胂预防用 0.015%～0.02%,混于饲料,休药期为 5 天。

硝苯胂酸预防用 0.0187%,混于饲料,休药期为 4 天。

本病还可选用新胂凡纳明或盐酸二氯本胂,中药四季青煎剂治疗有一定效果。若混合感染,应查明病因,再联合用药。

# 十七 鸡痘

## （一）临床特征

本病主要有 2 种类型，分别是皮肤型、黏膜型。

皮肤型：在身体无毛或少毛的部位产生白色小结节，随后增大呈黄色或灰黄色痘疹，甚至彼此融合，形成疣状结节。

黏膜型：口腔、咽喉等黏膜表面生成一种黄白色小结节，逐渐增大并融合，形成一层黄白色干酪样假膜，用镊子剥离，可露出红色的溃疡面。如果在咽喉，可导致呼吸困难。

两种类型可能同时发生，也可能单独出现；任何鸡龄都可受到鸡痘的侵袭，但它通常于夏秋两季侵袭成鸡及育成鸡。本病可持续2～4 周。通常死亡率并不高，但患病后产卵率会降低达数周。

## （二）病理变化

皮肤性：结节起初湿润，后变干燥，呈圆形或不规则形。结节干燥前切开，切面出血、湿润。

黏膜型：黏膜表面隆起黄白色结节，迅速增大，并常融合白色干酪样纤维素性坏死性假膜，剥离后可见出血糜烂，呈现红色溃疡面，炎症蔓延可引起眶下窦肿胀和食管发炎。内脏器官萎缩，肠黏膜脱落。

## (三) 鉴别诊断

与支原体病和眼型大肠杆菌的鉴别诊断:

眼型大肠杆菌往往发生于两侧眼睛,呈金鱼眼样;黏膜型鸡痘刮去假膜后有出血;支原体眼睑内有分泌物但没有假膜形成。

## (四) 防治措施

本病主要采取加强鸡群的环境卫生,消毒,管理,消灭蚊、蠓和鸡虱、鸡螨等一般性预防措施。同时及时隔离病鸡,甚至淘汰,并彻底消毒场地和用具。

痘苗免疫接种是预防本病的有效措施,适用于 7 日龄以上各种年龄的鸡。肌肉注射的保护率只有 60%左右,因此建议采用翼翅接种法,效果较好。蘸取疫苗刺种在鸡翅膀内侧无血管处皮下,使用连续注射器翼部内侧无血管处皮下注射 0.1 ml。刺种部位呈现红肿、起泡,之后逐渐干燥结痂而脱落,免疫期 5 个月。

参考免疫程序:第一次免疫在 10~20 天,第二次免疫在 90~110 天,若鸡只处于危险地区,应尽量提早。刺种后 7~10 天观察刺种部位有无痘痂出现,以确定免疫效果。

发病时,可紧急接种。根据鸡的日龄大小,紧急接种新城疫Ⅰ系或新城疫Ⅳ系疫苗,以干扰鸡痘病毒的复制。

治疗:目前没有特效药物治疗,一般采用对症疗法。为防继发感染,大群鸡使用广谱抗生素,如 0.005%环丙沙星或培福沙星、恩诺沙星或 0.1%氯霉素拌料或饮水,连用 5~7 天。

# 十八 传染性鼻气管炎

## (一) 临床特征

本病的病原菌自然宿主是火鸡,也可以从鸡、鸭、鹅、鸽、鸵鸟、雉等分离到该菌。1～6 周龄火鸡易发病,雏鸡、鹌鹑也易感染本病。传染源是病禽,经污染的水、料和垫草等传播。本病在幼火鸡中潜伏期 7～10 天,发病率高达 80%～100%,死亡率低于 10%。若继发肠道传染病或环境因素应激等时,死亡率可增加。潜伏期 1～3 天,传播快。以鼻炎和鼻窦炎为主,肉鸡及蛋雏鸡生长不良,产蛋鸡开产推迟或产蛋减少,种鸡受精率、孵化率下降,弱雏较多。初期精神不振,流泪,眼眶聚集泪泡,打喷嚏,甩头,鼻涕清稀至黏稠、脓性,脓性物干后在鼻孔四周凝结成淡黄色的结痂。后期结膜炎,流泪,颜面、肉髯和眼周围肿胀如鸽卵大小,延及颈部、下颌和肉髯的皮下组织水肿,炎症蔓延到下呼吸道时,咽喉被分泌物阻塞,窒息死亡。

## (二) 病理变化

鼻腔和鼻窦黏膜呈卡他性炎症,黏膜出血。鼻窦腔内有大量豆腐渣样的渗出物,气管黏膜充血、出血,内有黏稠分泌物。鼻窦部肿胀，鼻窦、眶下窦和眼结膜囊内蓄积有黄色黏稠分泌物或干酪样物；病程较长时，眼结膜充血、出血。头部皮下有胶样渗出物。

## （三）鉴别诊断

与鸡急性型传染性喉气管炎的鉴别诊断：

鸡急性型传染性喉气管炎的病鸡表现：呼吸困难，抬头伸颈，并发出响亮的喘鸣声，表情极为痛苦；鸡咳嗽或摇头时，咳出血痰；将鸡的后头用手向上顶，令鸡张开口，可见喉头周围有泡沫状液体，喉头出血。

## （四）防治措施

### 1. 加强饲养管理

改善鸡舍通风条件，保持适宜的密度，做好鸡舍内外的卫生消毒工作以及病毒性呼吸道疾病的防治工作，提高鸡只抵抗力对预防本病有重要意义。

### 2. 科学免疫

使用传染性鼻炎灭活苗免疫接种，30～40 日龄首免，每只鸡 0.3 ml；18～19 周二次免疫，每只鸡 0.5 ml。

治疗方案 1：选用磺胺类药、泰乐菌素、硫氰酸红霉素、氟苯尼考等饮水或拌料，连用 5～7 天，间隔 3～5 天，重复 1 个疗程。对于发病急的鸡群可以肌内注射链霉素或泰乐菌素。

治疗方案 2：采用解毒化痰、止咳平喘的中药制剂治疗。如鼻炎宁散、加味麻杏石甘散、穿鱼金荞麦散等。

# 十九 鸡沙门氏菌病

## (一) 临床特征

不同品种和日龄的鸡均易感,其中 2～3 周龄内的雏鸡最易感,发病率和死亡率最高。成年鸡多呈隐性感染。患病雏鸡精神委顿,怕冷,扎堆,伏地,两眼紧闭,头颈弯曲,跛行,羽毛蓬乱,冠和肉髯苍白,食欲大减或废绝,腹泻,排淡黄色或白色糊状稀便,肛门周围沾污粪便。发病死亡多为 2 周龄左右的病鸡。成年病鸡消瘦,肛门周围沾污粪便,产蛋量和受精率下降。主要有以下几种:

### 1. 鸡白痢

鸡白痢表现精神委顿,绒毛松乱,两翅下垂,缩头颈,闭眼昏睡,不愿走动,拥挤在一起。病初,食欲减少,而后停食,多数出现软嗉囊症状,同时腹泻,排稀薄如白色糨糊状粪便,致肛门周围被粪便污染。有的因粪便干结封住肛门周围,由于肛门周围炎症引起疼痛,故常发出尖锐的叫声,最后因呼吸困难及心力衰竭而死亡。

### 2. 鸡伤寒

鸡伤寒潜伏期一般为 4～5 天。本病常发生于中鸡、成年鸡和火鸡。在年龄较大的鸡和成年鸡,急性经过者突然停食、精神委

顿、排黄绿色稀粪、羽毛松乱、冠和肉髯苍白而皱缩。体温上升 1～3 ℃,病鸡可迅速死亡,但通常在 5～10 天死亡。病死率在雏鸡与成年鸡有差异,一般为 10%～50%或更高些。雏鸡和雏鸭发病时,其症状与鸡白痢相似。

**3. 鸡副伤寒**

鸡副伤寒表现嗜眠呆立、垂头闭眼、两翅下垂、羽毛松乱、显著厌食、饮水增加、水样下痢、肛门粘有粪便,怕冷而靠近热源处或相互拥挤。病程约 1～4 天。雏鸭感染本病常见颤抖、喘息及眼睑肿胀等症状,常猝然倒地而死,故有“猝倒病”之称。

## (二) 病理变化

1. 鸡白痢:一周以内的病雏鸡可以看见脐环愈合不良,一周以上肝脏会出现肿大,在肝脏表面有雪花样坏死灶;肺脏会出现黄色结节;心脏有灰白色肉芽肿;有时盲肠还会出现柱状“肠芯”。另外,病鸡可能还会出现肾脏肿大、苍白关节肿大的现象。

2. 鸡伤寒:最急性病例大多无明显病变或很轻微。急性发病雏鸡最常见是肝脏肿大成铜绿色,有粟粒大灰白色或浅黄色坏死,胆囊肿大,胆汁充盈,脾肿大并常有坏死灶,心包积液有时会出现粘连。肺脏和肌胃也会出现灰白色坏死灶。

3. 鸡副伤寒:肝脏肿大,呈古铜色,表面散布点状或条纹状出血或灰白色坏死灶,肺部坏死,胆囊肿大,脾脏肿大,表面有斑点坏死灶,心包炎,气囊炎,鼻窦炎,肠炎,盲肠出现栓子样病理变化。

## (三) 鉴别诊断

鸡白痢、鸡伤寒和鸡副伤寒与大肠杆菌的鉴别诊断:

1. 鸡白痢多见孵出的弱雏,5～7 日龄症状明显,有的无症状就死亡,怕冷,聚群,两翅下垂,食欲废绝,拉白色、淡黄、淡绿色黏

性稀便，粪便粘满肛门周围，呼吸困难；成年鸡产蛋量减少，受精率、孵化率、健雏率大幅下降，营养不良。

2. 鸡伤寒雏鸡的症状与鸡白痢相似，成年鸡精神委顿，羽毛松乱，鸡冠萎缩、苍白，粪便呈黄绿色，急性病例 7 天左右死亡。

3. 鸡副伤寒早期死亡的雏鸡无明显症状，10 日龄后则表现精神委顿，不食，口渴，排水样粪，有的呼吸困难，死亡率较高。

4. 鸡伤寒沙门氏杆菌不发酵乳糖，在 SS 培养基中生长的菌落不着色而呈半透明；而大肠杆菌生长时，菌落呈红色。鸡伤寒沙门氏杆菌发酵麦芽糖和卫矛醇，鸡白痢沙门氏杆菌不发酵麦芽糖和卫矛醇。鸡伤寒沙门氏杆菌发酵葡萄糖，不产气，不分解乳糖和蔗糖，故在三糖铁培养基中使底部变黄色，斜面不变色，沿穿刺线生长亦无气泡产生；而鸡副伤寒沙门氏杆菌发酵葡萄糖时既产酸又产气，穿刺线处可见气泡存在。

## (四) 防治措施

### 1. 建立健康鸡群

挑选健康种鸡、种蛋，建立健康鸡群，坚持自繁自养，慎重地从外地引进种蛋。在健康鸡群，每年春秋两季对种鸡定期用血清凝集试验全面检疫及不定期抽查检疫。对 40～60 天以上的中雏也可进行检疫，淘汰阳性鸡及可疑鸡。在有病鸡群，应每隔 2～4 周检疫 1 次，经 3～4 次后一般可把带菌鸡全部检出淘汰，但有时也须反复多次才能检出。

### 2. 做好孵化消毒

消毒孵房、孵化机，0.5％高锰酸钾浸泡 1 min，福尔马林熏蒸 30 min。孵化时，用季胺类消毒剂喷雾消毒孵化前的种蛋，拭干后再入孵。不安全鸡群的种蛋，不得进入孵房。每次孵化前孵房及所有用具，要用甲醛消毒。对引进的鸡要注意隔离及检疫。

**3. 加强育雏饲养管理卫生**

鸡舍及一切用具要注意经常清洁消毒。育雏室及运动场保持清洁干燥，饲料槽及饮水器每天清洗一次，并防止被鸡粪污染。育雏室温度维持恒定，采取高温育雏，并注意通风换气，避免过于拥挤。饲料配比要适当，保证含有丰富的营养。注意环境卫生，避免各种应激因素，消除诱因。

治疗方案1：目前尚无有效的免疫方法，可通过种蛋消毒来控制此病。

治疗方案2：1～7日龄雏禽，用柏兰肠清配合维多利饮水；10～20日龄雏禽用禽用肠清拌料，可杜绝该病的发生。

治疗方案3：治疗用痢康配合禽壮肥大素饮水3～5天即可。

治疗方案4：中药用柏杨泻痢康拌料有很好的防治效果。

# 二十 鸡巴氏杆菌病

## （一）临床特征

本病主要有 3 种类型，分别是最急性型、急性型、慢性型。

最急性型表现为突然死亡，多发生于产蛋高的鸡。病鸡一般无任何前驱症状，日间饮食完全正常，吃得很饱，但次日即发病猝死。有的鸡在产蛋窝里死亡。

急性型（普通型），临床上以此型最为常见，发病鸡表现精神沉郁、羽毛松乱、缩颈闭眼、双翅下垂、嗜睡呆立、畏寒扎堆等。病程中后期常伴不同程度腹泻症状，多数病鸡排异常粪便（粪便稀薄，黄色、灰白色或绿色不等）；病初体温普遍升高（42℃～43℃），随病情发展可有食欲不良，饮量较平时倍增；出现明显呼吸道症状，如口鼻分泌物增多、呼吸困难、呼吸啰音等；鸡冠和肉髯呈青紫色，肉髯略微肿胀并有较明显的热痛感。

慢性型多见于发病中后期，发病鸡以明显呼吸道症状为特点，较常见慢性肺炎、气管及支气管卡他性炎症等，同时常伴消化道卡他炎症（胃肠炎）；发病鸡口鼻流出黏性分泌物，鼻窦肿大，常因喉头积有分泌物而致呼吸困难；不同程度腹泻，病鸡机体逐渐消瘦及贫血，可见鸡冠苍白；部分病鸡一侧或两侧肉髯显著肿大，随后可见有脓性干酪样物质结痂、干结、坏死、脱落；有的病鸡出现关节炎，常局限于脚或翼关节和腱鞘处，表现为关节肿大、疼痛、脚趾麻痹，由此导致跛行。

## (二) 病理变化

肝表面布满灰白色、针头大的坏死小点，肿胀明显、色泽暗红加深、质脆易裂。病鸡腹膜、皮下组织及腹部脂肪小点出血。

脾肾充血、肿大、质地变软；心包炎及心室内少许炎性渗出物，心肌、心冠脂肪出血明显；小肠、十二指肠严重出血、充血，肠管内有凝血块；胰腺出血，腺胃乳头出血，脾少量出血；肌胃糜烂及出血；肺单侧或双侧瘀血及水肿，偶见实变。成年母鸡卵泡明显出血，输卵管增厚、肿胀、呈红棕色、质脆易破裂。

## (三) 鉴别诊断

与鸡白痢和鸡链球菌病的鉴别诊断：

1. 与鸡白痢鉴别。巴氏杆菌病，一般青年鸡和成鸡多发，成鸡中肥胖或产蛋量高的死亡率高，多以秋末、春初多发。鸡白痢是垂直传播性疾病，2～3 周龄以内的鸡发病率和死亡率最高，成年鸡呈慢性过程或隐性感染。

2. 与鸡链球菌病鉴别。相似处：有传染性，成年鸡易感，委顿闭眼，嗜睡缩颈，羽毛松乱，冠髯发紫、髯水肿，腹泻，粪绿色，产蛋减少。剖检可见肝肿大、暗紫，有坏死点，心冠、心外膜有出血点，心包积液有纤维素。不同处：鸡链球菌病病原为链球菌。急性步履蹒跚，驱赶时走几步跌倒而不易翻过来。亚急性头藏于背羽，消瘦，头震颤，有的角膜、结膜肿胀流泪，有圆圈运动、角弓反张。翅爪麻痹和痉挛。剖检可见肺淤血、水肿，喉有干酪样粟粒大坏死灶，气管、支气管黏膜充血，表面有分泌物，慢性主要表现纤维素性

关节炎、腱鞘炎、输卵管炎、卵黄性腹膜炎，纤维素心包炎、肝周炎。

## (四) 防治措施

预防鸡巴氏杆菌病的关键在于做好预防免疫和加强饲养管理工作。产蛋鸡最好在产蛋前4～5月龄进行注射禽霍乱氢氧化铝甲醛菌苗，免疫期约3～4个月。及时做好春防和秋防工作，这两个季节是该病的高发期；注意鸡舍的卫生，保持地面清洁干燥，饲养棚四周用2%～4%氢氧化钠每天消毒，以切断传播途径。一旦发生本病，立即将病鸡、可疑鸡及时隔离，对病重和死亡蛋鸡进行深埋或焚烧。病轻的隔离饲养。对全场蛋鸡分别进行预防和治疗。

治疗方案1：庆大霉素80 mg/L饮水，2 mg/kg肌注；或者用卡那霉素100 mg/L饮水，20 mg/kg肌注，1次/天，连用5天。为减少应激，提高免疫力，在饮水中加入高纯黄芪多糖（颗粒/原粉）＋复方电解多维液，以混饮或湿拌料方式投喂，1～2剂/天，连续投喂5～7天可见良效。

治疗方案2：复方黄芪多糖散（含黄芪多糖、人参皂苷、青蒿素、鱼腥草、板蓝根、大青叶、氟苯尼考、多西环素、免疫增效因子等）对本病效果较为确切，按0.2%～0.5%拌料添加，1～2剂/天，连续投喂5～7天。

治疗方案3：乳酸环丙沙星口服液混饮，雏鸡群还可适量添加糖水（葡萄糖、白糖、红糖）混饮，以降低药物对免疫脏器（肝肾）的损伤。

# 二十一 鸡链球菌病

## (一) 临床特征

鸡群突然发病，不分年龄和品种，急性鸡链球菌病步履蹒跚，驱赶时走几步跌倒而不易翻过来，死亡率10%～15%。病鸡精神委顿，嗜睡，羽毛松乱，冠和肉髯苍白或发绀。亚急性鸡链球菌病头藏于背羽，消瘦，头震颤，有的角膜、结膜肿胀流泪，有圆圈运动。慢性鸡链球菌病主要表现纤维素性关节炎，翅爪麻痹和痉挛，头部轻微震颤，食欲下降或废绝，腹泻。患病成年鸡产蛋量下降或停产。

## (二) 病理变化

病鸡脾肿大、出血和坏死，表面有许多灰白色、细小坏死点。肝脏肿大，淤血呈暗紫，有时表面有红色、黄褐色或灰白色的坏死点。心包发炎、出血和坏死。卵巢出血、发炎，有软壳蛋。

## (三) 鉴别诊断

与鸡副伤寒、葡萄球菌病和禽霍乱的鉴别诊断：

1. 鸡副伤寒病鸡饮水增加，排白色水样粪便，怕冷，喜靠近热

源。剖检可见鸡肝、脾、肾有条纹状出血斑或针尖大小坏死灶，小肠出血性炎症。

2. 葡萄球菌病病鸡外伤感染明显，跛行，胸腹部皮下有大量紫黑色血样渗出液或紫红色胶冻状物质。

3. 禽霍乱病鸡鸡冠、肉髯呈暗紫色。剖检可见鸡心冠脂肪及心外膜出血，肝脏表面有大量灰白色小坏死点。

## (四) 防治措施

本病目前尚无特异性预防措施，主要应从减少应激因素着手，精心饲养，加强管理，做好卫生和消毒措施。用青霉素、氟苯尼考、红霉素、新霉素、庆大霉素等药物治疗有效果，通过口服或注射治疗 4～5 天。

# 二十二 鸡念珠菌病

## (一) 临床特征

病鸡精神不振，食量减少或停食，消瘦，羽毛松乱。有的鸡在眼睑、口角出现痂皮样病变，开始为基底潮红，散在大小不一的灰白色丘疹样，继而扩大蔓延融合成片，高出皮肤表面凹凸不平。病鸡嗉囊胀满，但明显松软，挤压时有痛感，并有酸臭气体自口中排出。有的病鸡下痢，粪便呈灰白色。一般1周左右死亡。

## (二) 病理变化

主要集中在上消化道，可见喙缘结痂，口腔和食道有干酪样假膜和溃疡。气管黏膜形成溃疡状斑块及淡黄色干酪样物附着。嗉囊有霉菌溃疡灶，伪膜下可见坏死、出血和溃疡。嗉囊内容物有酸臭味，嗉囊皱褶变粗，黏膜明显增厚，被覆一层灰白色斑块状假膜，呈典型“毛巾样”，易刮落，假膜下可见坏死和溃疡。咽部病变严重，并有出血和异嗜细胞浸润等炎性反应，少数病禽病变可波及腺胃，引起胃黏膜肿胀、出血和溃疡。有的报道在腺胃和肌胃交界处形成一条出血带，肌胃角质膜下有数量不等的小出血斑。其他器

官无明显变化。在嗉囊黏膜病变部位，可见复层扁平上皮薄，表层红染，核消失，上皮细胞间散在多量圆形或椭圆形厚垣孢子，尚见少数分枝分节、大小不一的酵母样假菌丝。黏膜上皮深层细胞肿胀或水泡样变性。上皮下组织血管轻度扩张充血。

## (三) 鉴别诊断

与鸡传染性支气管炎的鉴别诊断：

1. 在排除其他药物和饲料中毒的情况下，白色念珠菌容易造成顽固性拉稀，病理变化主要集中在消化道，而传染性支气管炎主要集中在呼吸道。

2. 腺胃有时出现溃疡及白色分泌物，严重时分泌物由黄色变为褐色，肌胃和喉头“白喉样”病变；而传染性支气管炎的腺胃仅有出血症状。

## (四) 防治措施

1. 加强饲养管理，改善禽舍的卫生条件，不用霉变饲料与垫料，保持鸡舍清洁、干燥、通风，防止拥挤和潮湿。

2. 减少应激因素对禽群的干扰，做好防病工作，提高鸡群抗病能力。

3. 防止饲料霉变，不用发霉变质饲料。

4. 搞好禽舍和饮水的卫生消毒工作。隔离病鸡，鸡舍用 2% 福尔马林或 1% 氢氧化钠溶液喷洒消毒，每天 1 次。

5. 不同日龄鸡只不要混养、种鸡和孵化室严格消毒等是预防鸡念珠菌病的主要措施。

本病一旦发生，单纯的治疗效果往往不佳。在治疗的同时应改善饲养管理条件，加强生物安全管理。

治疗方案:

1∶2 000～1∶3 000 硫酸铜溶液或在饮水中添加 0.07%的硫酸铜连服 1 周,对大群防治有一定效果。

病鸡按每千克饲料添加 220 mg 制霉菌素拌料喂服,连喂 5 天,可适量补给复合维生素 B。病鸡口腔黏膜上的病灶可涂碘甘油,嗉囊可用 2%硼酸溶液消毒,严重呼吸困难的病鸡用小镊子剥离取出口腔假膜,0.1%结晶紫饮水。同群鸡在每千克饲料中添加 100 mg 制霉菌素拌料喂服,饮水中加入 0.02%结晶紫,连喂 3 天。

# 二十三 鸡霉菌性肺炎

## (一) 临床特征

雏鸡易感,病鸡多为4~12日龄,成年鸡只是个别散发。病鸡呼吸困难,气喘、张口呼吸,精神委顿,缩头闭眼,流鼻涕,食欲减退,口渴增加,消瘦。后期病鸡腹泻,排绿色或淡黄色糊状稀便,并出现麻痹症状,行走困难。

## (二) 病理变化

病鸡肺、气囊和胸腹膜上有针尖至黄豆大小的结节,内容物为干酪样。有的病例肺、气囊和胸腹膜上有烟绿色或深褐色霉菌斑。肺组织中有多发性支气管肺炎和肉芽肿。病鸡肝脏上有大小不一的淡绿色霉菌斑。

## (三) 鉴别诊断

与大肠杆菌病、鸡新城疫和鸡白痢的鉴别诊断:

1. 大肠杆菌病主要是5周龄以后鸡多发,出现气囊炎、心包炎、肝周炎等症状。

2. 与鸡新城疫鉴别,两种疾病呼吸道症状相似,但消化道症状可鉴别诊断。

3. 鸡白痢病雏鸡或死鸡，常见心肌上有白色结节；而鸡霉菌性肺炎无此病灶。鸡白痢病鸡的肺上有较多的灰白色或灰黄色的坏死结节；而鸡霉菌性肺炎肺上的结节虽然也是灰白色或淡黄色，但结节很明显突出肺表面，大小悬殊，形状多样，柔软有弹性，结节内部为黄白色干酪样物，这与鸡白痢的结节有明显的区别之处。鸡霉菌性肺炎雏鸡的气囊和胸膜有时可见到小结节或成团的霉菌斑点，这是鸡白痢所没有的。

## (四) 防治措施

预防措施有：垫料应干燥清洁，绝对不能用发霉垫料。鸡舍温度不能过高，注意通风，降低饲养密度。不喂霉败饲料，注意饲料保存，饲料中可添加防霉剂，一旦发现鸡舍垫料霉变，要及时更换，并进行鸡舍消毒。

发病鸡群的处理：隔离病雏鸡，病重者淘汰；同时对鸡舍内环境、料槽、饮水器和饲养用具等进行全面消毒；更换垫料，把发霉的垫料彻底清除，冲洗地面，用过氧乙酸或百毒杀消毒，对已污染的鸡舍用 0.5％新洁尔灭溶液消毒或每平方米用福尔马林 42 ml 和高锰酸钾 21 g 熏蒸消毒。

治疗方案 1：可用制霉菌素治疗，雏鸡每只每天 3～5 mg，成鸡 15～20 mg，混于饲料中，连用 3～5 天，病重者可以直接灌服，连用 3 天。

治疗方案 2：每 100 只雏鸡，每天 1 g 克霉唑，混饲投药，连用 3～5 天。每 1 000 ml 饮水中加入碘化钾 5～10 g，连用 3～5 天。

治疗方案 3：用 0.03％～0.05％浓度的硫酸铜溶液饮水，连用 2～3 天，重症者可灌服，1～3 ml/次。

# 二十四　鸡球虫病

## （一）临床特征

鸡球虫病多发生于3～5周龄蛋雏鸡，3周龄前少发，成年鸡发病基本不影响生长性能。急性发病出现症状后1～2天即死亡，若不及时治疗3～4天可波及全群的30%～50%，发病后3～4天死亡率达到高峰，群体病程一般不超过2周。病鸡未出现临床症状前采食量明显增加，继而出现精神不振，食欲减退，羽毛松乱，缩颈闭目呆立，贫血，冠、肉髯、皮肤颜色苍白，逐渐消瘦，拉血样粪便或暗红色、西红柿样粪便，严重者甚至排出鲜血，尾部羽毛被血液或暗红色粪便污染。慢性球虫病常见于成鸡或经治疗过的3周龄以上的蛋鸡，出现消瘦、贫血、间歇性下痢、饲料不消化，鸡有强烈的饮水欲，病程长，生长缓慢。

## （二）病理变化

柔嫩艾美儿球虫：盲肠肿大2～3倍，呈暗红色，盲肠内集有大量血液、血凝块；浆膜外见有出血点、出血斑，盲肠黏膜出血、水肿坏死，盲肠壁增厚。

毒害艾美儿球虫：主要损害小肠中段，肠管变粗、增厚，有严重坏死，在裂殖体繁殖部位有明显的淡白色斑点，黏膜上有许多小出血点，肠内有凝血或番茄色样黏性内容物。

巨型艾美儿球虫：损害小肠中段，可使肠管扩张，肠壁增厚，内容物黏稠呈淡红色。

堆氏艾美儿球虫：在肠上皮表层发育，并且同一段的虫体常聚集到一起，在被破损肠段出现大量淡白色斑点或斑纹。

哈氏艾美儿球虫：损伤小肠前段，肠壁浆膜外可见米粒大小的出血点，黏膜水肿、出血。

多种混合感染，肠管粗大，肠黏膜上有大量的出血点，肠管中有大量带有脱落的肠上皮细胞黑色血液。胰腺十二指肠充血，空肠扩张，肠壁发绿，肠内容物呈絮状或呈粥样，肠黏膜坏死。

## （三）鉴别诊断

与盲肠肝炎的鉴别诊断：

盲肠肝炎病初症状不明显，逐渐精神不振、行动呆滞、食欲减退。排淡黄、淡绿色稀粪，继而粪便带血，严重时排出大量鲜血。在出现血便后，全身症状加重，贫血、消瘦、羽毛脏乱，陆续发生死亡。这些症状与盲肠球虫病很相似，不经解剖较难区别。

盲肠肝炎病变主要在盲肠和肝脏，都具有特征性，其中盲肠典型病变是：外观粗大，触之坚硬，呈香肠状，但粗细不匀；肠壁增厚且充血，切开肠管，可见干酪样物质凝结的棒状内容物阻塞在肠内；肠黏膜发生坏死和溃疡（固膜性肠炎），甚至穿孔，引起腹膜炎。鸡球虫病病变主要也是在肠道，根据感染球虫的不同，盲肠、小肠各自有特征性典型病变，肠内容物一般为血液、血凝块或黏性内容物，肠黏膜有出血点或淡白色斑点斑纹，肠壁浆膜外也可见出血点。

## (四) 防治措施

1. 做好鸡舍通风降湿工作，保持鸡舍、垫料干燥和清洁卫生，降低饲养密度，定期消毒环境用具，以杀灭虫卵及昆虫。

2. 疫苗预防：可用弱毒苗（七价苗）免疫注射。

3. 药物预防：定期用10%左旋咪唑粉按 25 mg/kg 体重拌料，2 小时内吃完，连用 2 日。

4. 做好蛋鸡日常保健工作，用枯草芽孢杆菌粉剂 500 g 拌料 250 kg，长期饲喂。用 AD3 粉 250 g 拌料 200 kg，连喂一周，以增强蛋鸡体质。

治疗方案 1（柔嫩艾美儿球虫）：磺胺氯吡嗪钠 100 g 拌料 50 kg，先计算出大群全天总用量，一次性投服。另配合鸡球虫散 500 g 拌 150 kg 料使用。喂球虫药 8 小时后用保肝护肾类药物拌料添喂，连用 4 日。

治疗方案 2（巨型艾美儿球虫、哈氏艾美儿球虫）：12%氨丙啉磺胺喹恶啉钠 100 g 拌料 50 kg，先计算出大群全天用药总量，一次性投服，同时按上述方法投喂抗球虫止血类药物和保肝护肾类药物。

治疗方案 3（堆氏艾美儿球虫、多种混合感染）：12%氨丙啉磺胺喹恶啉钠 100 g 按上述用量和方法，配伍 20%硫酸新霉素 100 g 拌料 50 kg 喂服，连用 4 天，若伴革兰氏阳性菌感染，配伍林可霉素使用。

治疗方案 4：所有球虫感染在三月龄后严禁使用磺胺药，可用 0.5%地克珠利 100 ml 拌料 50 kg，配鸡球虫散（抗球虫止血类药物）500 g 拌料150 kg 喂服，连用 4 天。

以上治疗方案，在用药一个疗程后，隔 5 天，再用同样药物维持治疗 3 天，同时饲喂黄芪多糖粉 100 g 拌料 200 kg，连喂 3 天，以增强体质。在治病同时，切忌使用复合 VB 饲料添加剂，以免降低疗效。

# 二十五 鸡蛔虫病

## （一）临床特征

幼雏表现生长发育不良，精神沉郁，食欲不振，下痢，有时粪中混有带血黏液，羽毛蓬乱，消瘦，贫血，眼结膜、鸡冠苍白，最终衰弱而死，下痢或便秘交替进行，粪便中常带有蛔虫。成年蛋鸡多属轻度感染，不表现症状；亦有重症感染，出现消瘦、拉稀，产蛋减少，蛋壳变薄、颜色发白。

## （二）病理变化

肠黏膜发炎、出血，肠壁上有颗粒状化脓灶或结节，肠壁增厚，切面外翻。肠管粗细不一，粗的部位可手摸到明显坚硬粗糙的内容物堵塞住肠管，剪开肠管可见大量蛔虫交织在一起呈索状，甚至造成肠破裂和腹膜炎。

## （三）鉴别诊断

与不同肠道寄生虫的鉴别诊断：

蛔虫、绦虫和异刺线虫常见放养鸡的线虫类寄生虫感染，主要影响雏鸡的生长发育。蛔虫主要寄生在小肠中，绦虫在小肠、大肠

都有，异刺线虫主要寄生在盲肠中。蛔虫不需要中间宿主，绦虫和异刺线虫都需要中间宿主(蚂蚁、蚯蚓、苍蝇等)。

## (四) 防治措施

1. 及时清理粪便，做无害化处理；用具和鸡舍定期消毒。

2. 蛋鸡舍及周围环境勤打扫、消毒。

3. 定期药物预防：在 60 日龄和 110 日龄分别用阿苯达唑 30 mg/kg 拌料，空腹投喂。

治疗方案 1：蛋鸡 110 日龄前用 10%左旋咪唑粉按 25 mg/kg 体重拌料两小时内吃完，连用两日。

治疗方案 2：阿苯达唑 15 mg/kg，空腹服用，连用 2 天。

治疗方案 3：伊维菌素粉 0.1 mg/kg，空腹 1 次/天，连用 2 天。

# 二十六　鸡绦虫病

## （一）临床特征

病鸡消化不良，下痢，粪便稀薄或混有血样黏液，粪便中可发现白色米粒样的孕卵节片，渴欲增加，精神沉郁，双翅下垂，羽毛逆立，消瘦，生长发育迟缓，贫血、体虚，站立困难，瘫痪，衰竭而死亡。产蛋下降甚至停止，蛋壳发白、变薄。

## （二）病理变化

小肠内有一条或多条虫体存在，头节吸在肠壁上，体节游离在体腔中，呈扁平结节状，带白色虫体，数量多时充满肠腔，造成阻塞。小肠黏液增多、恶臭，肠黏膜出现炎症，黏膜增厚，切面外翻。绦虫头节嵌入肠黏膜内，在肠壁上生成灰黄色的小结节，可视黏膜苍白，实质器官色淡或发黄，由于毒素危害可见肾肿胀，肝轻度肿大。

## （三）鉴别诊断

与不同肠道寄生虫的鉴别诊断：

蛔虫、绦虫和异刺线虫等常见放养鸡的线虫类寄生虫感染，主

要影响雏鸡的生长发育。蛔虫主要寄生在小肠中，绦虫在小肠、大肠都有，异刺线虫主要寄生在盲肠中。蛔虫不需要中间宿主，绦虫和异刺线虫都需要中间宿主(蚂蚁、蚯蚓、苍蝇等)。

## (四) 防治措施

1. 及时清除粪便，进行无害化处理。
2. 用具和鸡舍定期进行消毒。
3. 鸡舍及周围环境经常打扫，杀灭昆虫、蜗牛等中间宿主。
4. 夏季应在蛋鸡舍周围用药杀灭吸血昆虫。
5. 定期药物预防：在 60 日龄和 120 日龄分别用阿苯达唑 25 mg/kg 均匀拌料，空腹喂服。

治疗方案 1：吡喹酮 20 mg/kg 混入饲料中，空腹投喂；阿苯达唑 25 mg/kg 混入饲料中，空腹投喂。

治疗方案 2：氯硝柳胺 50 mg/kg 混入饲料中，空腹投喂；阿苯达唑 20 mg/kg 混入饲料中，空腹投喂。

# 二十七 鸡异刺线虫病

## （一）临床特征

育成蛋鸡容易发病，表现消化机能障碍，食欲不振或废绝，精神沉郁，脚软无力，卧地不愿站立，羽毛松乱，行动迟缓，腹泻，粪稀呈黄绿色，消瘦，生长停滞，严重时可死亡。产蛋鸡患病后产蛋减少，甚至完全停产。病鸡贫血、衰竭而死。

## （二）病理变化

盲肠肠壁发炎、增厚，黏膜或黏膜下层有结节。死亡蛋鸡可见盲肠肿大数倍，盲肠增厚，形成大小不等的溃疡病灶，若干病灶相连形成溃疡斑，在溃疡灶表面有黄白色坏死物附着。

## （三）鉴别诊断

与不同肠道寄生虫的鉴别诊断：

蛔虫、绦虫和异刺线虫等常见放养鸡的线虫类寄生虫感染，主要影响雏鸡的生长发育。蛔虫主要寄生在小肠中，绦虫在小肠、大肠都有，异刺线虫主要寄生在盲肠中。蛔虫不需要中间宿主，绦虫和异刺线虫都需要中间宿主（蚂蚁、蚯蚓、苍蝇等）。

## (四) 防治措施

1. 及时清理蛋鸡粪便,进行无害化处理。

2. 鸡舍、场地、用具定期消毒,杀灭虫卵及昆虫。

3. 运输、储存饲料(原料)时,严防虫卵污染。

4. 预防性驱虫,用10%左旋咪唑粉按25 mg/kg体重拌料,空腹饲喂。

5. 坚持笼养,使之不接触中间宿主,降低蛋鸡感染线虫的机会。

治疗方案1:10%左旋咪唑粉按25 mg/kg体重拌料,空腹饲喂,连用2日,每日一次。出现病例时及时清扫鸡舍场地,对鸡舍场地、用具用0.3%过氧乙酸喷洒。

治疗方案2:阿苯达唑按25 mg/kg体重拌料,空腹饲喂,连用2日,每日一次。产蛋鸡并发大肠杆菌时,用穿参止痢散500 g拌料250 kg,连用5天。

# 二十八 鸡 B 族维生素缺乏症（$B_1$、$B_2$）

## （一）临床特征

维生素 $B_1$ 缺乏：多在 2 周时突然发病，多数表现生长缓慢，羽毛蓬乱，无光泽，走路常以关节着地，两翅展开后难保持平衡，有的两翅麻痹或瘫痪。病雏有时呈坐姿，腿部弯曲，颈肌出现痉挛，头颈后仰，呈现“观星状”姿势。

维生素 $B_2$ 缺乏：雏鸡生长缓慢、衰弱、消瘦，背部羽毛脱落，贫血，严重时发生下痢，有卷爪麻痹症状，趾爪向内蜷缩呈“握拳状”；两下肢瘫痪，以飞节着地，翅展开以维持身体平衡，运动困难，被迫以踝部行走。成年鸡产蛋量明显下降，蛋白稀薄，种鸡孵化率低，胚胎在孵化 12～14 天后大量死亡，出壳的雏鸡呈棒状羽毛。

## （二）病理变化

维生素 $B_1$ 缺乏：尸体消瘦，跗关节炎症，皮下脂肪呈胶冻样浸润，胃肠道有炎症，卵巢明显萎缩，心脏轻度萎缩。

维生素 $B_2$ 缺乏：尸体消瘦，消化道空虚，胃肠黏膜变薄，呈半透明状。严重缺乏时，特征病状为坐骨、肱骨神经鞘显著肥大（直径比正常大 4～5 倍），质地柔软而失去弹性。

## (三) 鉴别诊断

维生素E缺乏和维生素$B_1$、$B_2$缺乏的鉴别诊断:

维生素$B_1$、$B_2$缺乏和维生素E缺乏都有神经症状,需鉴别诊断。维生素$B_1$、$B_2$缺乏呈卷爪麻痹、角弓反张,呈现"观星状";维生素E缺乏呈脑软化症,站立不稳,曲颈等症状。

## (四) 防治措施

1. 应保证日粮中维生素$B_1$、$B_2$的含量充足,保证不同年龄段复合维生素B饲料添加剂的配比。在蛋鸡饲料中每日加入适量酵母粉,每吨饲料加2 kg;每日加入多维,每吨饲料(生长期)1 kg。

2. 尽量减少饲料加工、储藏过程中碱性物质及阳光对维生素$B_1$、$B_2$的破坏作用。由于在碱性条件下维生素$B_1$遇热极不稳定,因此饲料中不应含多量的碱性盐类,以防维生素$B_1$被破坏。

治疗方案1:对于维生素$B_1$缺乏的病鸡,少量病鸡可注射维生素$B_1$,0.5 mg/kg,2次/天,连用3天。或每只病鸡每日灌服复方维生素B溶液1 ml,2次/天,连续3天。

治疗方案2:对于维生素$B_1$缺乏的病鸡,大群可在每千克饲料中20 mg维生素$B_1$粉,连用5天。

治疗方案3:对于维生素$B_2$缺乏的病鸡,每千克饲料中添加20 ml维生素$B_2$,连用2周,对少数病鸡可直接灌服维生素$B_2$,雏鸡0.2 ml/只,育成鸡5 ml/只,产蛋鸡10 ml/只,连用一周。对蛋种鸡缺乏维生素$B_2$造成孵化率低,死胚增多,可10 ml/只直接灌服维生素$B_2$。

治疗方案4:在饮水中加入复合维生素B溶液,按1 000羽鸡料中加250 ml复合维生素B溶液,2次/天,连用3天。

**附件：**

# 蛋鸡疾病临床诊断一体化技术模式简介

蛋鸡疾病临床诊断一体化技术模式是指针对蛋鸡疾病，运用以自主诊断、远程诊断、咨询诊断为主的临床诊断方法和以检验诊断为辅的实验室诊断方法，应用临床诊断技术评价指标、信息化技术手段，建立的一套疾病临床诊断一体化技术体系。

本书所述内容主要用于模式中的自主诊断，即蛋鸡疾病临床诊断评价指标模式。该模式包含临床诊断信息表和防治技术要点2个部分：临床诊断信息表包括临床症状、病理变化及初步诊断，防治技术要点包括控治措施和预防措施。

养殖者利用蛋鸡疾病临床诊断评价指标模式自行独立开展临床诊断，自主判断临床诊断结果，达到早诊断、早治疗、早控制的目的。以高致病性禽流感诊断模式为例，当蛋鸡发病时，养殖者采集蛋鸡出现的临床特征性症状和病理变化情况的信息资料，与蛋鸡疾病临床诊断评价表中评价指标分值进行比对。当比对得分结果与高致病性禽流感临床诊断评价指标模式符合率为70分及以上时，临床上即诊断为高致病性禽流感；当比对得分结果符合率为50～70分时，临床上即诊断为疑似高致病性禽流感。高致病性禽流感临床诊断评价指标模式见表一。

由于本书前面章节已详细介绍各疾病的防治措施,故此其他疾病临床诊断评价指标模式表中省略防治技术要点,仅展示各疾病的临床诊断信息表,详见表二至表二十八,以帮助养殖者明确模式的评价指标。

**表一 蛋鸡疾病临床诊断评价指标模式**

**疾病名称:高致病性禽流感**

| 一 | 临床诊断信息表 | | |
|---|---|---|---|
| 类别 | 序号 | 具体表现 | 诊断指标(100分) |
| 临床症状 | 1 | 发病日龄:全日龄 | 3 |
| | 2 | 病死率:80%~100%(急性暴发),大批鸡死亡不见明显症状;10%~50%(非急性暴发) | 10 |
| | 3 | 脚鳞出血 | 10 |
| | 4 | 胸部皮肤出血 | 10 |
| | 5 | 鸡冠出血或发绀 | 10 |
| | 6 | 呼吸道症状,如咳嗽、喷嚏,呼吸困难 | 2 |
| | 7 | 病鸡流泪,头和面部水肿 | 2 |
| | 8 | 有神经症状,头颈扭转,共济失调 | 3 |
| 病理变化 | 1(典型) | 消化道、呼吸道黏膜广泛充血、出血 | 15 |
| | 2 | 腺胃黏液增多,腺胃乳头出血,腺胃和肌胃之间交界处黏膜可见带状出血 | 10 |
| | 3 | 心冠及腹部脂肪出血 | 10 |
| | 4 | 输卵管的中部可见乳白色分泌物或凝块,卵泡充血、出血、萎缩、破裂,有的可见“卵黄性腹膜炎” | 5 |
| | 5 | 心肌组织局灶性坏死 | 5 |
| | 6 | 胰腺局灶性坏死 | 5 |

续表

<table>
<tr><td>一</td><td colspan="3">临床诊断信息表</td></tr>
<tr><td>类别</td><td>序号</td><td>具体表现</td><td>诊断指标（100 分）</td></tr>
<tr><td rowspan="2">初步诊断</td><td>1</td><td>≥70</td><td>高致病性禽流感</td></tr>
<tr><td>2</td><td>50～70</td><td>疑似高致病性禽流感</td></tr>
<tr><td>二</td><td colspan="3">防治技术要点</td></tr>
<tr><td>控制措施</td><td colspan="3">目前尚无好的治疗办法。按照国家规定，凡是确诊为高致病性禽流感后，应该立即对 3 千米以内的全部鸡只扑杀、深埋，其污染物做好无害化处理。<br>非疫区的养殖场应及时接种疫苗</td></tr>
<tr><td>预防措施</td><td colspan="3">按照免疫程序及时接种疫苗是防控该病的关键措施。推荐参考免疫程序如下：<br>肉禽：14 日龄首免，40 日龄二免。超过 50 日龄肉禽，可于 80 日龄三免。<br>蛋禽和种禽：15 日龄首免，40 日龄二免，80 日龄三免，开产前或 120 日龄四免。<br>紧急免疫：发生疫情时，要根据受威胁区家禽免疫抗体监测情况，对受威胁区域的所有家禽进行一次紧急免疫。<br>免疫方法：家禽颈部皮下或胸部肌肉注射。2～5 周龄鸡，每只 0.3 ml；5 周龄以上鸡，每只 0.5 ml。2～5 周龄鸭和鹅，每只 0.5 ml；5 周龄以上鸭和 5～15 周龄鹅，每只 1.0 ml；15 周龄以上鹅，每只 1.5 ml。具体免疫接种及剂量按疫苗说明书的规定操作。<br>日常饲养中，不从疫区或疫病流行情况不明的地区引种或调入鲜活鸡产品；饲养家禽品种单一，不将不同品种的家禽或畜禽混养，推行“全进全出”的饲养制度，养鸡场及其工作人员不养其他畜禽；控制外来人员和车辆进入养鸡场，确需进入必须消毒，生产中运饲料和运鸡产品的车辆要分开专用；加强饲养管理，平时每 3～5 天带鸡消毒一次。尽可能减少鸡群的应激反应。提供适应生产和生长发育所必需的饲料，保持饲料新鲜、全价。改善饲养环境，提供适宜的温度、湿度、密度、光照；加强鸡舍通风换气，保持舍内空气新鲜；勤清粪便和打扫鸡舍，保持生产环境清洁卫生。消毒剂使用两种以上，交替使用，清除鸡舍病原残留，防止病原感染下一批鸡</td></tr>
</table>

**表二　蛋鸡疾病临床诊断评价指标模式**

**疾病名称:新城疫**

| 临床诊断信息表 | | | |
|---|---|---|---|
| 类别 | 序号 | 具体表现 | 诊断指标(100分) |
| 临床症状 | 1 | 发病日龄:全日龄 | 5 |
| | 2 | 病死率:80%以上 | 5 |
| | 3 | 部分病鸡出现转脖、望星、站立不稳或卧地不起等神经症状,多见于发病的雏鸡和育成鸡 | 25 |
| | 4 | 产蛋鸡产蛋减少或停产,软皮蛋、褪色蛋、沙壳蛋、畸形蛋增多 | 10 |
| 病理变化 | 1(典型) | 腺胃乳头肿胀、出血或溃疡,尤以在与食管或肌胃交界处最明显 | 20 |
| | 2 | 十二指肠黏膜及小肠黏膜出血或溃疡,有时可见到“岛屿状或枣核状溃疡灶”,表面有黄色或灰绿色纤维素膜覆盖 | 10 |
| | 3 | 盲肠扁桃体肿大、出血和坏死 | 10 |
| | 4 | 呼吸道卡他性炎症,气管充血、出血,鼻道、喉、气管中有浆液性或卡他性渗出物 | 5 |
| | 5 | 气囊炎,囊壁增厚,有卡他性或干酪样渗出 | 5 |
| | 6 | 产蛋鸡常有卵黄泄漏到腹腔形成卵黄性腹膜炎。卵泡变形,卵泡血管充血、出血 | 5 |
| 初步诊断 | 1 | ≥70 | 新城疫 |
| | 2 | 50～70 | 疑似新城疫 |

**表三　蛋鸡疾病临床诊断评价指标模式**

## 疾病名称:禽白血病

<table>
<tr><th colspan="4">临床诊断信息表</th></tr>
<tr><th>类别</th><th>序号</th><th>具体表现</th><th>诊断指标（100分）</th></tr>
<tr><td rowspan="5">临床症状</td><td>1</td><td>发病日龄:少数6周龄以后,多数14周龄以后</td><td>10</td></tr>
<tr><td>2</td><td>病死率:5%左右</td><td>5</td></tr>
<tr><td>3</td><td>鸡冠、肉髯苍白,皱缩,偶见发绀</td><td>10</td></tr>
<tr><td>4</td><td>病鸡食欲减少或废绝,腹泻,产蛋停止</td><td>5</td></tr>
<tr><td>5</td><td>病鸡发育不良、苍白、行走拘谨或跛行</td><td>10</td></tr>
<tr><td rowspan="3">病理变化</td><td>1（典型）</td><td>肝脏、脾脏、肾脏、肌胃、法氏囊等脏器有肿瘤结节或弥漫性结节;有的病鸡的心肌、性腺、骨髓、肠系膜和肺等处也有肿瘤结节或弥漫性结节;结节呈灰色或淡黄白色,大小不一,切面均匀一致,很少有坏死灶</td><td>40</td></tr>
<tr><td>2</td><td>肝脏、脾脏、肾脏、法氏囊肿大</td><td>10</td></tr>
<tr><td>3</td><td>骨干或骨干长骨端区存在均一的或不规则的增厚,晚期病鸡的骨呈特征性的“长靴样”外观</td><td>10</td></tr>
<tr><td rowspan="2">初步诊断</td><td>1</td><td>≥70</td><td>禽白血病</td></tr>
<tr><td>2</td><td>50～70</td><td>疑似禽白血病</td></tr>
</table>

**表四　蛋鸡疾病临床诊断评价指标模式**

## 疾病名称:网状内皮组织增生症

<table>
<tr><th colspan="4">临床诊断信息表</th></tr>
<tr><th>类别</th><th>序号</th><th>具体表现</th><th>诊断指标（100 分）</th></tr>
<tr><td rowspan="4">临床症状</td><td>1</td><td>发病日龄:80 日龄左右</td><td>5</td></tr>
<tr><td>2</td><td>病死率低,慢性死亡,周期 10 周左右</td><td>10</td></tr>
<tr><td>3</td><td>病鸡生长停滞、消瘦,羽毛稀少</td><td>5</td></tr>
<tr><td>4</td><td>病鸡发生运动失调,肢体麻痹</td><td>10</td></tr>
<tr><td rowspan="5">病理变化</td><td>1（典型）</td><td>肝脏、脾脏、肾脏、心脏、胸腺、卵巢、法氏囊、胰腺和性腺等有灰白色点状肿瘤结节和淋巴瘤增生,肝最早出现病变</td><td>20</td></tr>
<tr><td>2</td><td>法氏囊重量减轻,严重萎缩</td><td>15</td></tr>
<tr><td>3</td><td>肝脏、脾脏、肾脏、心脏肿大</td><td>10</td></tr>
<tr><td>4</td><td>腺胃肿胀、出血、坏死</td><td>15</td></tr>
<tr><td>5</td><td>鸡外周神经肿大</td><td>10</td></tr>
<tr><td rowspan="2">初步诊断</td><td>1</td><td>≥70</td><td>网状内皮组织增生症</td></tr>
<tr><td>2</td><td>50～70</td><td>疑似网状内皮组织增生症</td></tr>
</table>

**表五 蛋鸡疾病临床诊断评价指标模式**

## 疾病名称:鸡马立克氏病

| 临床诊断信息表 | | | |
|---|---|---|---|
| 类别 | 序号 | 具体表现 | 诊断指标(100 分) |
| 临床症状 | 1 | 发病日龄:2～5 月龄,也可见 2～18 周龄鸡发病 | 3 |
| | 2 | 病死率:20%～60% | 2 |
| | 3 | 虹膜褪色,瞳孔变小,边缘成锯齿状,一般为单侧眼的病变 | 10 |
| | 4 | 毛囊肿胀,有时可见多个相邻的毛囊病变聚集一起 | 5 |
| | 5 | 单侧腿麻痹,呈劈叉姿势,或单侧翅膀下垂 | 5 |
| | 6 | 颈部神经麻痹 | 5 |
| | 7 | 神经症状和肿瘤同时出现 | 5 |
| 病理变化 | 1(典型) | 内脏器官多发肿瘤,其中以卵巢、肝脏、脾脏、心脏、肺脏和肾脏为多见,脏器肿大 | 15 |
| | 2 | 较大的、散在的、白色、质地较硬的肿瘤结节或肿瘤块 | 20 |
| | 3 | 毛囊形成黄豆大的结节,多为弥漫性的小结节 | 15 |
| | 4 | 臂神经或腰间坐骨神经丛出现一侧性呈念珠样肿大、发黄、横纹消失等 | 15 |
| 初步诊断 | 1 | ≥70 | 鸡马立克氏病 |
| | 2 | 50～70 | 疑似鸡马立克氏病 |

## 表六　蛋鸡疾病临床诊断评价指标模式

### 疾病名称:传染性支气管炎

<table>
<tr><th colspan="5">临床诊断信息表</th></tr>
<tr><th>类别</th><th>序号</th><th colspan="2">具体表现</th><th>诊断指标（100 分）</th></tr>
<tr><td rowspan="8">临床症状</td><td>1</td><td colspan="2">发病日龄:2～6 周龄</td><td>5</td></tr>
<tr><td>2</td><td colspan="2">死亡率:30％左右</td><td>3</td></tr>
<tr><td>3</td><td colspan="2">幼鸡伸颈、呼吸啰音、呈张口喘气姿势</td><td>5</td></tr>
<tr><td>4</td><td colspan="2">咳嗽、打喷嚏、鼻窦肿胀.流鼻液</td><td>3</td></tr>
<tr><td>5</td><td colspan="2">呼吸道症状夜间较为明显</td><td>2</td></tr>
<tr><td>6</td><td colspan="2">病鸡死后呈两脚弯曲、紧靠腹部的特殊姿势</td><td>10</td></tr>
<tr><td>7</td><td colspan="2">水样白色稀粪,内含大量尿酸盐,肛门周围羽毛污浊</td><td>3</td></tr>
<tr><td>8</td><td colspan="2">产蛋量下降、产异常蛋,死胚率增加</td><td>2</td></tr>
<tr><td rowspan="4">病理变化</td><td>1（典型）</td><td colspan="2">气管、支气管充血、出血,内有浆液性和卡他性炎症,后期有黄白色、干酪样渗出物</td><td>30</td></tr>
<tr><td>2（典型）</td><td colspan="2">肾肿大、变淡,表面见白色石灰样物,切面见尿酸盐沉积呈花斑状(“花斑肾”)</td><td>30</td></tr>
<tr><td>3</td><td colspan="2">两侧输尿管见白色尿酸盐沉积</td><td>5</td></tr>
<tr><td>4</td><td colspan="2">鸡胆囊肿大,内有沙泥样物</td><td>2</td></tr>
<tr><td rowspan="2">初步诊断</td><td>1</td><td>≥70</td><td colspan="2">传染性支气管炎</td></tr>
<tr><td>2</td><td>50～70</td><td colspan="2">疑似传染性支气管炎</td></tr>
</table>

**表七　蛋鸡疾病临床诊断评价指标模式**

## 疾病名称:传染性喉气管炎

<table>
<tr><th colspan="4">临床诊断信息表</th></tr>
<tr><th>类别</th><th>序号</th><th>具体表现</th><th>诊断指标<br>(100分)</th></tr>
<tr><td rowspan="8">临床<br>症状</td><td>1</td><td>发病日龄:30～40日龄</td><td>3</td></tr>
<tr><td>2</td><td>病死率:10%～30%</td><td>2</td></tr>
<tr><td>3</td><td>病鸡咳嗽或摇头时,咳出血痰</td><td>10</td></tr>
<tr><td>4</td><td>喉头周围有泡沫状液体,喉头出血</td><td>10</td></tr>
<tr><td>5</td><td>结膜炎,流泪,不断用爪抓眼,眼睑肿胀和粘连</td><td>10</td></tr>
<tr><td>6</td><td>角膜混浊、溃疡,鼻腔有持续性的浆液性分泌物,眶下窦肿胀</td><td>5</td></tr>
<tr><td>7</td><td>病鸡表现呼吸困难,抬头伸颈,并发出响亮的喘鸣声</td><td>3</td></tr>
<tr><td>8</td><td>产蛋鸡产蛋率下降,畸形蛋增多</td><td>2</td></tr>
<tr><td rowspan="5">病理<br>变化</td><td>1<br>(典型)</td><td>在喉和气管内有卡他性或卡他出血性渗出物,渗出物呈血凝块状堵塞喉和气管。</td><td>20</td></tr>
<tr><td>2<br>(典型)</td><td>喉和气管内存有纤维素性白色或灰黄色干酪样物质,很容易从黏膜剥脱</td><td>20</td></tr>
<tr><td>3</td><td>鼻腔和眶下窦黏膜也发生卡他性或纤维素性炎症</td><td>7</td></tr>
<tr><td>4</td><td>结膜充血、水肿,有时有点状出血,下眼睑发生水肿或发生纤维素性结膜炎,角膜溃疡</td><td>5</td></tr>
<tr><td>5</td><td>产蛋鸡卵巢异常,出现卵泡变软、变形、出血等</td><td>3</td></tr>
<tr><td rowspan="2">初步<br>诊断</td><td>1</td><td>≥70</td><td>传染性喉气管炎</td></tr>
<tr><td>2</td><td>50～70</td><td>疑似传染性喉气管炎</td></tr>
</table>

**表八　蛋鸡疾病临床诊断评价指标模式**

**疾病名称:H9 亚型禽流感**

| 临床诊断信息表 | | | | |
|---|---|---|---|---|
| 类别 | 序号 | 具体表现 | | 诊断指标（100 分） |
| 临床症状 | 1 | 发病日龄:全日龄 | | 2 |
| | 2 | 病死率:10%～50% | | 2 |
| | 3 | 明显的呼吸道症状,咳嗽、鸣音、喷嚏和鼻窦肿胀 | | 20 |
| | 4 | 病鸡张口伸颈喘气或咳嗽甩头,由于喘不过气来,往往蹦高死亡,死亡鸡的嗉囊内都有饲料 | | 10 |
| | 5 | 产蛋率可下降 50%～90%,甚至停产,软壳蛋、薄壳蛋、畸形蛋增多 | | 8 |
| 病理变化 | 1 | 病死鸡气管严重充血、出血,支气管发炎、充血、出血,内有黄白色的干酪样线条状阻塞物 | | 30 |
| | 2 | 胸气囊发炎,有黄白色脓性分泌物 | | 20 |
| | 3 | 病鸡卵巢发炎、出血、变形、破裂,产蛋母鸡卵泡充血、出血,卵黄液变得稀薄 | | 8 |
| 初步诊断 | 1 | ≥70 | H9 亚型禽流感 | |
| | 2 | 50～70 | 疑似 H9 亚型禽流感 | |

## 表九　蛋鸡疾病临床诊断评价指标模式

### 疾病名称:鸡毒支原体病

| 临床诊断信息表 | | | |
|---|---|---|---|
| 类别 | 序号 | 具体表现 | 诊断指标(100分) |
| 临床症状 | 1 | 发病日龄:全日龄 | 3 |
| | 2 | 发病初期出现浆液性或黏液性鼻漏,后出现鼻窦炎、结膜炎、气囊炎 | 3 |
| | 3 | 病鸡常伸颈甩头,张口呼吸,做吞咽动作 | 5 |
| | 4 | 病鸡咳嗽,深夜和清晨更为明显 | 10 |
| | 5 | 群体产蛋率维持在较低水平 | 4 |
| | 6 | 眼部肿胀,一侧眼睛失明 | 5 |
| 病理变化 | 1(典型) | 气囊浑浊水肿,增厚,胸腹气囊炎,囊腔内有大量白色泡沫样分泌物,或有干酪样、黄白色、脓性渗出物 | 40 |
| | 2 | 鼻腔、气管、支气管中有大量黏稠的分泌物 | 10 |
| | 3 | 严重的肺炎和心包炎、肝周炎病变 | 10 |
| | 4 | 趾底部和胫、跖关节肿胀,关节液增多,严重的关节液呈奶油状 | 10 |
| 初步诊断 | 1 | ≥70 | 鸡毒支原体病 |
| | 2 | 50～70 | 疑似鸡毒支原体病 |

表十　蛋鸡疾病临床诊断评价指标模式

## 疾病名称:鸡滑液囊支原体病

| 临床诊断信息表 | | | |
|---|---|---|---|
| 类别 | 序号 | 具体表现 | 诊断指标(100 分) |
| 临床症状 | 1 | 发病日龄:9～12 周龄 | 3 |
| | 2 | 病死率:低于 10% | 3 |
| | 3 | 病鸡步态呈轻微的八字步,跛行 | 4 |
| | 4 | 关节周围常呈肿胀,尤以飞节和趾节为重,有时可达鸽蛋大,触之有波动感 | 10 |
| | 5 | 病后期,关节变形,久卧不起 | 5 |
| | 6 | 母鸡产蛋量下降 20%～30% | 5 |
| 病理变化 | 1(典型) | 关节、腱鞘明显肿胀,有黏稠的渗出物,呈乳酪色或灰白色,严重的呈干酪样 | 30 |
| | 2 | 关节表面呈黄色或橘红色,跗关节、翼关节或足垫渗出物较多,关节膜增厚,关节肿大突出 | 20 |
| | 3 | 胸部有囊肿,初呈浅黄色组织增生物,病程长时囊肿较大,可达 2 cm×4 cm×2 cm,切开内有黄色或褐色分泌物 | 10 |
| | 4 | 产蛋鸡卵泡、输卵管发育不良或未发育 | 5 |
| | 5 | 肝脏、脾脏略肿大,且质地变硬 | 5 |
| 初步诊断 | 1 | ≥70 | 鸡滑液囊支原体病 |
| | 2 | 50～70 | 疑似鸡滑液囊支原体病 |

**表十一　蛋鸡疾病临床诊断评价指标模式**

## 疾病名称:鸡传染性法氏囊病

| 临床诊断信息表 | | | |
|---|---|---|---|
| 类别 | 序号 | 具体表现 | 诊断指标（100分） |
| 临床症状 | 1 | 发病日龄:3～6周龄 | 5 |
| | 2 | 死亡率:60%～70% | 5 |
| | 3 | 石灰水样或奶油状白色稀便 | 5 |
| 病理变化 | 1（典型） | 法氏囊出现肿胀、出血、坏死呈紫黑色（“紫葡萄”样） | 60 |
| | 2 | 肾脏肿胀,输尿管和肾脏因尿酸盐沉积呈花斑状 | 5 |
| | 3 | 胸肌出血呈条纹状、出血斑 | 5 |
| | 4 | 腿肌出血呈条纹状、出血斑 | 5 |
| | 5 | 腺、肌胃交界处黏膜出血 | 5 |
| | 6 | 肝脏肿大,呈土黄色,由于肋骨压迹而呈红黄相间的条纹状,周边有梗死灶 | 3 |
| | 7 | 脾脏轻度肿大,表面有弥漫性的灰白色病灶 | 2 |
| 初步诊断 | 1 | ⩾70 | 鸡传染性法氏囊病 |
| | 2 | 50～70 | 疑似鸡传染性法氏囊病 |

## 表十二　蛋鸡疾病临床诊断评价指标模式

### 疾病名称:减蛋综合征(EDS)

<table>
<tr><th colspan="4">临床诊断信息表</th></tr>
<tr><th>类别</th><th>序号</th><th>具体表现</th><th>诊断指标(100分)</th></tr>
<tr><td rowspan="5">临床症状</td><td>1</td><td>发病日龄:26～36周龄</td><td>6</td></tr>
<tr><td>2</td><td>病死率:较低</td><td>1</td></tr>
<tr><td>3(典型)</td><td>蛋鸡群体性产蛋下降,产蛋率比正常下降20%～30%,甚至能达到50%</td><td>20</td></tr>
<tr><td>4(典型)</td><td>产出软壳蛋、薄壳蛋、无壳蛋、小蛋,蛋体畸形</td><td>20</td></tr>
<tr><td>5(典型)</td><td>异常蛋可占产蛋量的15%或以上,蛋的破损率增高</td><td>20</td></tr>
<tr><td rowspan="3">病理变化</td><td>1</td><td>输卵管各段黏膜发炎、水肿、萎缩</td><td>20</td></tr>
<tr><td>2</td><td>病鸡的卵巢萎缩、变小或有出血</td><td>10</td></tr>
<tr><td>3</td><td>子宫黏膜发炎</td><td>3</td></tr>
<tr><td rowspan="2">初步诊断</td><td>1</td><td>≥70</td><td>减蛋综合征</td></tr>
<tr><td>2</td><td>50～70</td><td>疑似减蛋综合征</td></tr>
</table>

**表十三　蛋鸡疾病临床诊断评价指标模式**

**疾病名称:肝炎综合征(鸡心包积液、安卡拉病)**

| 临床诊断信息表 | | | |
|---|---|---|---|
| 类别 | 序号 | 具体表现 | 诊断指标(100分) |
| 临床症状 | 1 | 发病日龄:1～7周龄 | 3 |
| | 2 | 死亡率:20%～80%,一般在30%左右 | 3 |
| | 3 | 排黄绿色稀便 | 4 |
| | 4 | 无明显先兆而突然倒地,有神经症状 | 5 |
| | 5 | 有呼吸道症状,甩鼻、呼吸加快 | 5 |
| 病理变化 | 1(典型) | 心包积液(15～20 ml)、有胶冻样黄色物 | 60 |
| | 2 | 肝脏肿大、色淡,有出血条带 | 10 |
| | 3 | 肾脏肿大、色淡、出血,输尿管内尿酸盐增多 | 5 |
| | 4 | 腺胃乳头及腺、肌胃交界处出血 | 5 |
| 初步诊断 | 1 | ≥70 | 肝炎综合征 |
| | 2 | 50～70 | 疑似肝炎综合征 |

**表十四　蛋鸡疾病临床诊断评价指标模式**

**疾病名称:鸡弧菌性肝炎**

| 临床诊断信息表 | | | |
|---|---|---|---|
| 类别 | 序号 | 具体表现 | 诊断指标(100分) |
| 临床症状 | 1 | 发病日龄:全日龄,多见于开产前后的鸡 | 5 |
| | 2 | 死亡率:1%～10% | 3 |
| | 3 | 粪便呈黄褐色、糨糊样软便,继而成水状,部分肛门红肿外凸 | 4 |
| | 4 | 产蛋率下降或停止产蛋 | 3 |
| 病理变化 | 1(典型) | 肝脏肿大、淤血,边缘钝圆,有出血点或凹陷的出血斑;表面有针尖大小的白色星芒状或雪花状坏死灶 | 50 |
| | 2 | 肝脏边缘锐利,质脆或硬化,坏死灶呈灰白色至灰黄色,布满整个肝实质,呈网格状 | 20 |
| | 3 | 脾脏肿大1～1.5倍,呈斑驳状 | 5 |
| | 4 | 心包液增多,心肌呈黄褐色 | 5 |
| | 5 | 肾脏肿大,质脆,呈黄褐色或苍白,有点状坏死灶 | 5 |
| 初步诊断 | 1 | ≥70 | 鸡弧菌性肝炎 |
| | 2 | 50～70 | 疑似鸡弧菌性肝炎 |

**表十五　蛋鸡疾病临床诊断评价指标模式**

**疾病名称：鸡大肠杆菌病**

<table>
<tr><th colspan="4">临床诊断信息表</th></tr>
<tr><th>类别</th><th>序号</th><th>具体表现</th><th>诊断指标（100分）</th></tr>
<tr><td rowspan="5">临床症状</td><td>1</td><td>粪便呈白色或黄绿色，混有血液</td><td>5</td></tr>
<tr><td>2</td><td>精神委顿，昏睡，垂头闭目，下痢，蹲伏及歪头，扭颈，倒地，抽搐等</td><td>3</td></tr>
<tr><td>3</td><td>1周内死亡的雏鸡腹部大，脐孔及周围皮肤发红、水肿或呈蓝黑色，有刺激性臭味</td><td>5</td></tr>
<tr><td>4</td><td>跛行或卧地不起，腱鞘或关节发生肿胀</td><td>4</td></tr>
<tr><td>5</td><td>产蛋率低，产蛋高峰上不去或产蛋高峰维持时间短，腹部明显增大下垂，触之敏感并有波动</td><td>3</td></tr>
<tr><td rowspan="6">病理变化</td><td>1<br>（典型）</td><td>纤维素性渗出物附着于脏器表面（气囊、心包、肝脏），充斥在囊腔、肠道间</td><td>55</td></tr>
<tr><td>2</td><td>脑膜充血、出血，易剥离，脑壳软化，脑水肿</td><td>5</td></tr>
<tr><td>3</td><td>眼睑肿胀，眼结膜内有炎性干酪样物，眼房积水，角膜混浊</td><td>5</td></tr>
<tr><td>4</td><td>关节肿大，关节周围组织充血、水肿，关节腔内有纤维素性渗出或混浊的关节液，滑膜肿胀、增厚</td><td>5</td></tr>
<tr><td>5</td><td>输卵管黏膜充血、壁变薄或囊肿，内有干酪样物质，大量卵黄落入腹腔内</td><td>5</td></tr>
<tr><td>6</td><td>心脏、胰腺、肝脏及盲肠、直肠和回肠的浆膜有粟粒大灰白色或灰黄色肉芽肿</td><td>5</td></tr>
<tr><td rowspan="2">初步诊断</td><td>1</td><td>≥70</td><td>鸡大肠杆菌病</td></tr>
<tr><td>2</td><td>50～70</td><td>疑似鸡大肠杆菌病</td></tr>
</table>

**表十六　蛋鸡疾病临床诊断评价指标模式**

## 疾病名称:组织滴虫病

| 临床诊断信息表 | | | |
|---|---|---|---|
| 类别 | 序号 | 具体表现 | 诊断指标(100分) |
| 临床症状 | 1 | 发病日龄:2～6周龄 | 4 |
| | 2 | 粪便稀薄、淡黄色或淡绿色,继而带血或排大量鲜血 | 3 |
| | 3(典型) | 头部皮肤、冠及肉髯发绀,呈蓝色或暗黑色,故又称"黑头病" | 10 |
| 病理变化 | 1(典型) | 一侧或两侧盲肠高度肿胀(2～5倍),壁增厚,黏膜充血、出血、溃疡,甚至穿孔引起腹膜炎,盲肠内充满浆液性、出血性物质,或形成干酪样肠芯 | 60 |
| | 2 | 肝脏出现颜色各异、不整圆形稍有凹陷的坏死灶,有的坏死区融成片,形成大面积的病变区 | 20 |
| | 3 | 肺、肾、脾等部位偶见白色圆形坏死 | 3 |
| 初步诊断 | 1 | ≥70 | 组织滴虫病 |
| | 2 | 50～70 | 疑似组织滴虫病 |

**表十七　蛋鸡疾病临床诊断评价指标模式**

## 疾病名称:鸡痘

| 临床诊断信息表 | | | |
|---|---|---|---|
| 类别 | 序号 | 具体表现 | 诊断指标(100分) |
| 临床症状 | 1 | 发病日龄:全日龄,夏秋两季侵袭成鸡及育成鸡 | 5 |
| | 2 | 身体无毛或少毛的部位有白色小结节或黄色或灰黄色痘疹,有的融合成疣状结节 | 15 |
| | 3 | 呼吸困难 | 5 |
| | 4 | 产蛋率下降达数周左右 | 5 |
| 病理变化 | 1(典型) | 口腔、咽喉等黏膜表面黄白色小结节或白色干酪样假膜,剥离可见红色溃疡面 | 60 |
| | 2 | 内脏器官萎缩,肠黏膜脱落 | 5 |
| | 3 | 皮肤结节切面出血、湿润 | 5 |
| 初步诊断 | 1 | ≥70 | 鸡痘 |
| | 2 | 50～70 | 疑似鸡痘 |

**表十八　蛋鸡疾病临床诊断评价指标模式**

## 疾病名称:传染性鼻气管炎

<table>
<tr><td colspan="4">临床诊断信息表</td></tr>
<tr><td>类别</td><td>序号</td><td>具体表现</td><td>诊断指标（100分）</td></tr>
<tr><td rowspan="6">临床症状</td><td>1</td><td>发病日龄:全日龄,火鸡1～6周龄易发病</td><td>5</td></tr>
<tr><td>2</td><td>死亡率:低于10%</td><td>5</td></tr>
<tr><td>3</td><td>有鼻液,清稀或脓性,脓性物干后在鼻孔四周凝结成淡黄色的结痂</td><td>10</td></tr>
<tr><td>4</td><td>产蛋鸡开产推迟或产蛋减少,种鸡受精率、孵化率下降,弱雏较多</td><td>5</td></tr>
<tr><td>5</td><td>流泪,颜面、肉髯和眼周围肿胀如鸽卵大小</td><td>5</td></tr>
<tr><td>6</td><td>颈部、下颌和肉髯的皮下组织水肿</td><td>5</td></tr>
<tr><td rowspan="3">病理变化</td><td>1（典型）</td><td>鼻腔和鼻窦黏膜呈卡他性炎症,充血肿胀,表面覆有大量黏液,窦内有渗出物凝块或干酪样坏死物</td><td>50</td></tr>
<tr><td>2</td><td>结膜炎,眼结膜充血、肿胀</td><td>10</td></tr>
<tr><td>3</td><td>头部皮下有胶样渗出物</td><td>5</td></tr>
<tr><td rowspan="2">初步诊断</td><td>1</td><td>≥70</td><td>传染性鼻气管炎</td></tr>
<tr><td>2</td><td>50～70</td><td>疑似传染性鼻气管炎</td></tr>
</table>

**表十九　蛋鸡疾病临床诊断评价指标模式**

## 疾病名称:鸡沙门氏菌病

| 临床诊断信息表 | | | |
|---|---|---|---|
| 类别 | 序号 | 具体表现 | 诊断指标（100分） |
| 临床症状 | 1 | 发病日龄:2～3周龄 | 10 |
| | 2 | 雏鸡腹泻,排淡黄色或白色糊状稀便,肛门周围沾污粪便 | 5 |
| | 3 | 患病雏鸡精神委顿,怕冷,扎堆,伏地,两眼紧闭,头颈弯曲,跛行,羽毛蓬乱,冠和肉髯苍白 | 5 |
| | 4 | 患病成年鸡消瘦,肛门周围沾污粪便 | 5 |
| | 5 | 产蛋量和受精率下降 | 5 |
| 病理变化 | 1 | 一周以内的病雏鸡可以看见脐环愈合不良,一周以上的病雏鸡肝脏会出现肿大,在肝脏表面有雪花样坏死灶 | 20 |
| | 2 | 肝脏肿大成铜绿色,有粟粒大灰白色或浅黄色坏死,胆囊肿大,胆汁充盈 | 20 |
| | 3 | 脾肿大并有坏死灶 | 10 |
| | 4 | 心、肺以及肌胃、盲肠有灰白色结节,心包积液,盲肠栓塞 | 10 |
| | 5 | 雏鸡卵黄吸收不良,呈皱缩 | 5 |
| | 6 | 患病母鸡卵泡变形、变质,有的卵泡膜出血,有卵黄液化 | 5 |
| 初步诊断 | 1 | ≥70 | 鸡沙门氏菌病 |
| | 2 | 50～70 | 疑似鸡沙门氏菌病 |

## 表二十　蛋鸡疾病临床诊断评价指标模式

### 疾病名称:鸡巴氏杆菌病

| 临床诊断信息表 | | | |
|---|---|---|---|
| 类别 | 序号 | 具体表现 | 诊断指标(100分) |
| 临床症状 | 1 | 突然死亡,多发于高产蛋鸡;无任何前驱症状,日间饮食正常,次日即发病猝死 | 10 |
| | 2 | 腹泻,粪便稀薄,黄色、灰白色或绿色;口鼻分泌物增多、呼吸啰音;鸡冠和肉髯青紫色,肉髯肿胀并有热痛感 | 10 |
| | 3 | 慢性肺炎、气管及支气管卡他性炎症,消化道卡他炎症;口鼻黏性分泌物,鼻窦肿大,呼吸困难;肉髯有脓性干酪样物质结痂、干结、坏死、脱落;关节肿大、疼痛、脚趾麻痹,跛行 | 10 |
| 病理变化 | 1 | 肝表面布满灰白色、针头大的坏死小点,肿胀明显、色泽暗红加深、质脆易裂 | 60 |
| | 2 | 腹膜、皮下组织及腹部脂肪小点出血 | 2 |
| | 3 | 脾肾充血、肿大、质地变软 | 3 |
| | 4 | 心包炎及心室内少许炎性渗出物,心肌、心冠脂肪出血明显 | 3 |
| | 5 | 小肠、十二指肠严重出血、充血,肠管内有凝血块;胰腺出血,腺胃乳头出血;肌胃糜烂及出血 | 2 |
| 初步诊断 | 1 | ≥70 | 鸡巴氏杆菌病 |
| | 2 | 50～70 | 疑似鸡巴氏杆菌病 |

表二十一　蛋鸡疾病临床诊断评价指标模式

疾病名称:鸡链球菌病

| 临床诊断信息表 | | | |
| --- | --- | --- | --- |
| 类别 | 序号 | 具体表现 | 诊断指标(100分) |
| 临床症状 | 1 | 不分年龄和品种均易感,死亡率10%~15% | 6 |
| | 2 | 突然发病,急性步履蹒跚,驱赶时走几步跌倒而不易翻过来 | 8 |
| | 3 | 头藏于背羽,消瘦,头震颤,有的角膜、结膜肿胀流泪,有圆圈运动 | 8 |
| | 4 | 纤维素性关节炎,翅爪麻痹和痉挛,患病成年鸡产蛋量下降或停产 | 8 |
| 病理变化 | 1 | 脾肿大、出血和坏死,表面有灰白色、细小坏死点 | 10 |
| | 2 | 肝脏肿大,淤血呈暗紫,有时表面有红色、黄褐色或灰白色的坏死点 | 20 |
| | 3 | 心包发炎、出血和坏死 | 20 |
| | 4 | 卵巢出血、发炎,有软壳蛋 | 20 |
| 初步诊断 | 1 | ≥70 | 鸡链球菌病 |
| | 2 | 50~70 | 疑似鸡链球菌病 |

## 表二十二　蛋鸡疾病临床诊断评价指标模式

### 疾病名称:鸡念珠菌病

| 临床诊断信息表 | | | |
|---|---|---|---|
| 类别 | 序号 | 具体表现 | 诊断指标(100分) |
| 临床症状 | 1 | 嗉囊胀满,但松软,挤压时有痛感,并有酸臭气体自口中排出 | 10 |
| | 2 | 眼睑、口角出现痂皮样病变,开始为基底潮红,散在大小不一的灰白色丘疹样,继而扩大蔓延融合成片,高出皮肤表面凹凸不平 | 15 |
| | 3 | 下痢,粪便呈灰白色 | 3 |
| | 4 | 一般1周左右死亡 | 2 |
| 病理变化 | 1 | 喙缘结痂,口腔和食道有干酪样假膜和溃疡 | 5 |
| | 2 | 气管黏膜形成溃疡状斑块及淡黄色干酪样物附着 | 15 |
| | 3 | 嗉囊内容物有酸臭味,嗉囊皱褶变粗,黏膜明显增厚,被覆一层灰白色斑块状假膜,呈典型"毛巾样",易刮落,假膜下可见坏死和溃疡 | 50 |
| 初步诊断 | 1 | ≥70 | 鸡念珠菌病 |
| | 2 | 50～70 | 疑似鸡念珠菌病 |

**表二十三　蛋鸡疾病临床诊断评价指标模式**

**疾病名称:鸡霉菌性肺炎**

| 临床诊断信息表 | | | |
|---|---|---|---|
| 类别 | 序号 | 具体表现 | 诊断指标（100分） |
| 临床症状 | 1 | 雏鸡易感,4～12日龄是本病的流行高峰,成年鸡个别散发;梅雨季节高发 | 15 |
| | 2 | 呼吸困难,气喘、张口呼吸 | 5 |
| | 3 | 精神委顿,缩头闭眼、流鼻涕 | 3 |
| | 4 | 食欲减退,口渴增加,消瘦 | 3 |
| | 5 | 后期腹泻,排绿色或淡黄色糊状稀便,并出现麻痹症状,行走困难 | 4 |
| 病理变化 | 1 | 肺、气囊和胸腹膜上有针尖至黄豆大小的结节,内容物为干酪样 | 30 |
| | 2 | 有的病例肺、气囊和胸腹膜上有烟绿色或深褐色霉菌斑 | 20 |
| | 3 | 肺组织中有多发性支气管肺炎和肉芽肿 | 10 |
| | 4 | 肝脏上有大小不一的淡绿色霉菌斑 | 10 |
| 初步诊断 | 1 | ≥70 | 鸡霉菌性肺炎 |
| | 2 | 50～70 | 疑似鸡霉菌性肺炎 |

**表二十四　蛋鸡疾病临床诊断评价指标模式**

## 疾病名称：鸡球虫病

| 临床诊断信息表 | | | |
|---|---|---|---|
| 类别 | 序号 | 具体表现 | 诊断指标（100分） |
| 临床症状 | 1 | 发病日龄：3～5周龄 | 3 |
| | 2 | 死亡率：30%～50% | 2 |
| | 3 | 病程：不超过2周 | 3 |
| | 4 | 未出现临床症状前采食量明显增加 | 8 |
| | 5 | 贫血：冠、肉髯、皮肤苍白 | 1 |
| | 6 | 血样粪便：暗红色、西红柿样 | 20 |
| 病理变化 | 1-1 | 柔嫩艾美儿球虫：盲肠肿大，呈暗红色，肠壁增厚；浆膜出血，黏膜出血、水肿坏死 | 50 |
| | 1-2 | 毒害艾美儿球虫：小肠中段变粗、增厚、坏死，有淡白色斑点，黏膜出血，内有凝血或番茄色样黏性内容物 | 50 |
| | 1-3 | 巨型艾美儿球虫：小肠中段扩张，肠壁增厚，内容物黏稠呈淡红色 | 50 |
| | 1-4 | 堆氏艾美儿球虫：在肠上皮表层发育，同一段的虫体聚集到一起，在破损肠段出现淡白色斑点或斑纹 | 50 |
| | 1-5 | 哈氏艾美儿球虫：小肠前段肠壁浆膜外有出血点，黏膜水肿、出血 | 50 |
| | 2 | 胰腺、十二指肠充血，空肠扩张，肠壁发绿，肠内容物呈絮状或粥样，肠黏膜坏死 | 13 |
| 初步诊断 | 1-1 | ≥70 | 柔嫩艾美儿球虫病 |
| | 1-2 | ≥70 | 毒害艾美儿球虫病 |
| | 1-3 | ≥70 | 巨型艾美儿球虫病 |
| | 1-4 | ≥70 | 堆氏艾美儿球虫病 |
| | 1-5 | ≥70 | 哈氏艾美儿球虫病 |
| | 2 | 50～70 | 疑似鸡球虫病 |

表二十五　蛋鸡疾病临床诊断评价指标模式

**疾病名称:鸡蛔虫病**

| 临床诊断信息表 | | | |
|---|---|---|---|
| 类别 | 序号 | 具体表现 | 诊断指标(100分) |
| 临床症状 | 1 | 精神沉郁,食欲不振,羽毛蓬乱,粪中混有带血黏液 | 2 |
| | 2 | 消瘦,贫血,眼结膜、鸡冠苍白 | 1 |
| | 3 | 下痢或便秘交替进行,粪便中有蛔虫 | 45 |
| | 4 | 产蛋减少,蛋壳变薄,颜色发白 | 1 |
| 病理变化 | 1 | 肠壁增厚,切面外翻,肠黏膜发炎、出血,肠壁上有颗粒状化脓灶或结节 | 6 |
| | 2 | 肠管粗细不一,粗糙的内容物堵塞肠管,内有大量蛔虫,甚至造成肠破裂、腹膜炎 | 45 |
| 初步诊断 | 1 | ≥70 | 鸡蛔虫病 |
| | 2 | 50～70 | 疑似鸡蛔虫病 |

表二十六　蛋鸡疾病临床诊断评价指标模式

**疾病名称:鸡绦虫病**

| 临床诊断信息表 | | | |
|---|---|---|---|
| 类别 | 序号 | 具体表现 | 诊断指标(100分) |
| 临床症状 | 1 | 消化不良,下痢,粪便稀薄或血样黏液,粪便中有白色米粒样物质 | 35 |
| | 2 | 渴欲增加,精神沉郁,双翅下垂,羽毛逆立,消瘦 | 3 |
| | 3 | 贫血、体虚,站立困难,瘫痪 | 2 |
| | 4 | 产蛋下降,蛋壳发白、变薄 | 2 |
| 病理变化 | 1 | 小肠内有虫体存在,头节吸在肠壁上,体节游离在体腔中,呈扁平结节状,带白色虫体 | 40 |
| | 2 | 小肠黏液增多、恶臭,肠黏膜出现炎症、增厚,切面外翻 | 8 |
| | 3 | 肠壁上灰黄色的小结节 | 8 |
| | 4 | 可视黏膜苍白,实质器官色淡或发黄 | 2 |
| 初步诊断 | 1 | ≥70 | 鸡绦虫病 |
| | 2 | 50～70 | 疑似鸡绦虫病 |

表二十七　蛋鸡疾病临床诊断评价指标模式

**疾病名称:鸡异刺线虫病**

| 临床诊断信息表 | | | |
|---|---|---|---|
| 类别 | 序号 | 具体表现 | 诊断指标(100分) |
| 临床症状 | 1 | 食欲不振,精神沉郁,卧地,羽毛松乱,行动迟缓,消瘦,生长停滞,产蛋减少 | 5 |
| | 2 | 腹泻,粪稀呈黄绿色 | 30 |
| | 3 | 贫血,衰竭 | 15 |
| 病理变化 | 1 | 盲肠壁发炎、增厚,黏膜或黏膜下层形成结节,盲肠肿大数倍,有溃疡灶、溃疡斑 | 50 |
| 初步诊断 | 1 | ≥70 | 鸡异刺线虫病 |
| | 2 | 50～70 | 疑似鸡异刺线虫病 |

**表二十八-1　蛋鸡疾病临床诊断评价指标模式**

## 疾病名称:鸡维生素 $B_1$ 缺乏症

| 临床诊断信息表 | | | |
|---|---|---|---|
| 类别 | 序号 | 具体表现 | 诊断指标(100 分) |
| 临床症状 | 1 | 发病日龄:2 周突然发病 | 15 |
| | 2 | 走路以关节着地,两翅麻痹或瘫痪 | 10 |
| | 3 | 颈肌痉挛,头颈后仰,呈“观星状” | 30 |
| | 4 | 脚趾麻痹,进而蔓延到腿、翅、颈部,行动困难,卧地不起 | 20 |
| 病理变化 | 1 | 尸体消瘦,跗关节炎症,皮下脂肪呈胶冻样浸润 | 20 |
| | 2 | 胃肠道炎症,卵巢萎缩,心脏轻度萎缩 | 5 |
| 初步诊断 | 1 | ≥70 | 鸡维生素 $B_1$ 缺乏症 |
| | 2 | 50～70 | 疑似鸡维生素 $B_1$ 缺乏症 |

**表二十八-2　蛋鸡疾病临床诊断评价指标模式**

## 疾病名称:鸡维生素 $B_2$ 缺乏症

| 临床诊断信息表 | | | |
|---|---|---|---|
| 类别 | 序号 | 具体表现 | 诊断指标(100 分) |
| 临床症状 | 1 | 雏鸡卷爪麻痹,趾爪向内蜷缩呈“握拳状”;两下肢瘫痪,以飞节着地,或以踝部行走 | 15 |
| | 2 | 雏鸡生长缓慢、衰弱、消瘦,背部羽毛脱落,贫血,下痢 | 5 |
| | 3 | 出壳雏鸡呈棒状羽毛 | 25 |
| 病理变化 | 1 | 尸体消瘦,消化道空虚,胃肠黏膜变薄,呈半透明状 | 5 |
| | 2 | 坐骨、肱骨神经鞘肥大,质地柔软无弹性 | 50 |
| 初步诊断 | 1 | ≥70 | 鸡维生素 $B_2$ 缺乏症 |
| | 2 | 50～70 | 疑似鸡维生素 $B_2$ 缺乏症 |